Michelle Ziegelmann

# DER TOD HAT ANGST VOR LÖWENZAHN

## Länger und gesünder leben mit Wildkräutern – Wirkstoffe, Sammelroutinen, Rezepte und persönliche Anekdoten

An meinen Mann und besten Freund, Ulrich Müller:
Ohne dich stünde hier kein einziges Wort.
Danke für deine Inspiration, Motivation und Liebe.

EULOGIA
VERLAG

Bibliografische Information der Deutschen Nationalbibliothek.

Die Deutsche Nationalbibliothek verzeichnet diese Publikation in der Deutschen Nationalbibliografie; detaillierte bibliografische Daten sind im Internet über http://dnb.dnb.de abrufbar.

Für Fragen und Anregungen:
info@eulogiaverlag.de

ISBN Hardcover: 978-3-96967-696-7
ISBN eBook: 978-3-96967-697-4

3. Auflage April 2026
Erstauflage November 2025


Eulogia Verlags GmbH
Gerhofstraße 1–3
20354 Hamburg

Lektorat: Sandra Pichler
Satz und Layout: Tomasz Dębowski
Umschlaggestaltung: Aleksandar Petrović

# Inhaltsverzeichnis

# Prolog

Wir alle wissen es und doch vermeiden wir den Gedanken. Deshalb ziehe ich das Pflaster gleich zu Beginn ruckartig, aber liebevoll ab: Unser Leben ist endlich. Der Tod wartet auf uns und eines Tages wird es still. Nicht aus Dramatik, sondern aus schlichter Wahrheit.

Doch was viel zu selten gesagt wird: Diese Endlichkeit ist formbar. Nicht in ihrem Ob, aber sehr wohl in ihrem Wann und vor allem in ihrem Wie.

Wir alle haben ihn, diesen leisen Wunsch, lange zu leben. Er beginnt meist nicht mit einem lauten Entschluss oder einem heroischen Schwur. Nicht mit einem großen Vorsatz oder einem dramatischen Moment. Es ist eher ein stilles Gefühl, das in uns keimt. Ein leiser Wunsch, der mit den Jahren wächst wie ein Samenkorn tief in der Erde. Der Wunsch, nicht nur alt zu werden, sondern gut zu leben. Wirklich gut. Wach. Klar. Kraftvoll. In Liebe zu dir selbst und dem, was du Leben nennst.

Vielleicht beginnt er, wenn du deine Eltern beim Altern beobachtest. Vielleicht, wenn du spürst, dass die Regeneration nach einer durchwachten Nacht länger dauert als früher. Oder wenn du dich fragst, warum du eigentlich so selten wirklich tief durchatmest.

Es ist ein Wunsch, der unter der Oberfläche arbeitet. Nicht aus Angst vor dem Tod, sondern aus Sehnsucht nach dem Leben. Nach dem echten, dem vollen, dem unverbogenen Leben, das nicht von äußeren Taktgebern dominiert wird, sondern von deinem inneren Herzschlag.

Unsere Lebenszeit ist kein starrer Block, keine am Amboss geschmiedete Strecke. Nein. Sie ist biegsam. Dehnbar. Formbar wie Ton in unseren Händen. Und dieses Buch ist – wenn du magst – eine Einladung zum Formen.

Denn laut wissenschaftlicher Erkenntnis bestimmen wir selbst zu einem erstaunlich hohen Maß, wie lange und wie gut wir leben. Nicht das Schicksal, nicht die Gene – unsere täglichen Entscheidungen sind es, die den Unterschied machen: Essen. Trinken. Bewegung. Stress. Denken. Fühlen. Keine 100 Prozent Kontrolle, aber etwa 80 Prozent Einfluss!

Ein atemberaubender Gedanke, findest du nicht auch?
Und doch höre ich oft diese alten Sätze:
„An irgendetwas muss man ja sterben."
„Das Leben soll doch Spaß machen."

Ja, natürlich soll es das. Aber was, wenn Gesundheit selbst schon ein tieferer Ausdruck von Lebensfreude ist? Nicht Verzicht, sondern Erlaubnis, in der eigenen Kraft zu sein?

Wir haben den Kompass vielleicht nur verlegt, das Innehalten verlernt, die Mütze zu tief im Gesicht und den Blick verloren für das, was längst da ist und auf uns wartet. Oh Mann, ist das aufregend!

Deshalb ist dieses Buch kein Ratgeber mit erhobenem Zeigefinger, sondern ein Reisegefährte: durch Landschaften des Lebens, über blühende Wiesen voller Heilkräuter, vorbei an Forschungslaboren, bis hinein ins stille Dachzimmer deiner Gedanken. Es ist ein Begleiter – durch die Landschaften des Lebens und die wunderbaren Geschenke der Natur, der Forschung und der inneren Haltung. Es ist ein Gespräch. Mit dir selbst, deinem Körper und deiner natürlichen Intelligenz, mit der Natur und vor allem mit den Pflanzen, die uns so viel zu erzählen haben. Und es ist eine Einladung, diesen Wunsch nach langem, erfülltem Leben ernst zu nehmen. Nicht mit Pillen und Versprechungen, sondern mit Klarheit und Tiefe und der Weisheit der Natur. Denn die Natur kennt keine Eile. Und doch erreicht sie alles. Pflanzen leben nicht hektisch und sind dennoch voller Kraft.

Was wäre, wenn wir uns wieder an diese Rhythmen anbinden könnten? Wenn wir lernen würden, mit dem Körper zu leben, statt gegen ihn? Wenn Heilung nicht das Reparieren von Defekten wäre, sondern die Wiederherstellung von Verbindung?

Longevity. Langlebigkeit. Das ist mehr als viele Jahre. Es ist die Fähigkeit, ganz da zu sein. Mit allen Sinnen. Im Einklang mit sich selbst. Und mit dem Leben. Denn gesund zu leben heißt nicht, zu verzichten. Es heißt, in Übereinstimmung zu leben mit dem, was dich stärkt. Mit dem, was dich klärt. Mit dem, was wirklich nährt.

Lass uns genau dort beginnen, wo das Leben beginnt: in der Zelle. Im Atem. In der Erde. In der Aufmerksamkeit. Nicht mit einem Wasserfall aus Fachbegriffen oder psychodelischen Seelenstreichlern, nicht als esoterische Sammlung neuer „Du musst dies und jenes tun!“-Mantras, sondern als Rückverbindung zu dem einen Leben, das du hast.

Willkommen zu Tag eins deines neuen Lebens, willkommen in meinem Garten der Wild- und Heilkräuter.

# TEIL 1: DER BAUPLAN DES LEBENS

# Die Zelle.
# Das kleine Ich im großen Wir

Du kennst sicher diesen einen Satz, der sich so wunderbar auf Postkarten drucken lässt und gerne eingerahmt in Vintage-Schrift über dem Esstisch hängt – oder nach einer längst überfälligen Trennung vom lästigen Partner oder lüsternen Arbeitgeber stolz als WhatsApp-Status gepostet wird:

*„Jeder Mensch hat zwei Leben – das zweite beginnt, wenn man erkennt, dass man nur eines hat."*

Jawohl. Ein Satz wie ein philosophischer Paukenschlag, der uns zur Besinnung rufen will! Und doch verstaubt er oft im Kopf – wie ein schönes Zitat, das man sich merkt, aber nicht wirklich lebt.

Wir lesen ihn, nicken verständnisvoll, schicken ihn vielleicht an eine Freundin in der Sinnkrise – und denken dabei immer mitleidig an „die anderen". An all jene, die es aber echt langsam mal nötig hätten. Die Nachbarin zum Beispiel, die mit der Kippe zum Frühstück. Oder den Kollegen, der seit Jahren zu viel trinkt und zu wenig schläft. Und an die Bekannte, die sich selbst vergisst, während ihr Mann zwei Hände voll Hobbys hat und ihr Chef sie sogar im Urlaub anruft.

Aber wenn es um uns selbst geht, greifen wir gern zur Ausrede deluxe: „Ich hab' das im Griff!"

Denn wir – wir sind ja klüger! Wir haben doch alles unter Kontrolle. Wenn wir uns zu viel aufladen, zu wenig schlafen, zu viel trinken, zu spät essen oder zu lange im Stress verharren, dann ist das nur temporär, strategisch, gewollt – oder sowieso nur ein Ausreißer. Wenn überhaupt, dann machen wir das mit System. Und immer mit Maß. Und vor allem: mit Stil. Also alles kein Problem. Hüstel, hüstel.

Na? Ertappt? Also ich auf jeden Fall. Und wie! Denn es ist geradezu menschlich-genial – und vermutlich einer der raffiniertesten Tricks unserer Psyche –, uns selbst permanent

für den Ausnahmefall zu halten. Dieser wunderbare Glaube, dass die anderen sich verrennen, während wir achtsam auf dem Drahtseil des Alltags balancieren.

Und genau an dieser Stelle möchte ich dich bitten, innezuhalten. Denn genau hier, mein lieber Mensch mit den quirligen Spiegelneuronen, beginnt die Reise nun wirklich.

Ich habe zwischen all diese Seiten kleine, feine Spiegel eingewoben – winzig klein, unsichtbar, aber unübersehbar. Und während wir dieses Spiegelkabinett gemeinsam lesend durchschreiten, wird dir in jedem Kapitel, auf jeder Seite, in jedem kleinen Gedanken jemand entgegenblicken. Manchmal bin ich das. Manchmal bist du es selbst.

Und oft werden wir uns beide nicht ganz sicher sein, wer da eigentlich wen ansieht. Aber wir beide werden erblicken, was du selbst oft zu übersehen versuchst: dich selbst. Und – Überraschung! – ich mag, was ich da sehe. Und zwar richtig doll!

Denn ich finde dich ziemlich klasse. Warum? Weil du hier bist. Weil du bereit bist. Weil du gerade dabei bist, das Thema Gesundheit nicht mehr als „Irgendwann mal"-Projekt zu sehen, sondern als das, was es wirklich ist: eine zutiefst persönliche Heldengeschichte.

Du hast den Entschluss gefasst, dich auf den Weg zu machen – und dich zu betrachten. Nicht nur im Spiegel des Badezimmers, sondern im inneren Spiegel deines Körpers. Du willst wissen, wie du wirklich funktionierst. Und vielleicht noch wichtiger: was dich am Leuchten hält. Möglichst lange.

Und weil es diesmal nicht allein um Kräuter geht, nicht um Superfoods, Smoothies oder Bio-Wunderpulver, sondern um dich, steigen wir jetzt gemeinsam hinab. Tiefer als nur unter die Oberfläche. Tiefer als das, was man fühlt oder denkt.

Wir steigen unter deine Haut – in das geheimnisvolle Reich, das dich trägt, versorgt und schützt, ob du es bewusst wahrnimmst oder nicht: dein Zelluniversum. Und genau da setzen wir jetzt an. An dem Ort, wo dein Leben beginnt, wo Heilung möglich ist und Kraft entsteht.

Also schnall dich an, es wird eine Reise ohne Kalendersprüche. Und vielleicht auch die schönste Entscheidung deines Lebens.

Denn was auch immer du deinem Körper antust – oder eben nicht tust –, was du denkst, fühlst, verarbeitest oder verdrängst, wo du Ruhe findest oder dich selbst verlierst, vor allem aber, was du in dich hineinstopfst: All das landet früher oder später genau hier – in deinen Zellen.

Stell dir Folgendes vor: Da unten werkelt ein kleines Universum. Eine Schar wuseliger, kluger Miniwesen, die sich unermüdlich darum kümmern, dass du atmest und denkst, lachst, tanzt, eben einfach gut, gesund und lange leben kannst. Zumindest krempeln sie unentwegt die Ärmel hoch und geben ihr Bestes!

Sie verschicken Signale, bündeln ihre Kräfte und reparieren Schäden – im Übrigen bevorzugt nachts. Umso mehr empören sie sich, wenn du mal wieder um Mitternacht in deine Lieblingspizza beißt. Und gleichzeitig lieben sie dich, auch wenn du es ihnen nicht immer leicht machst. Aber: Du bist das Einzige, was sie haben!

Jede dieser Zellen ist ausgestattet mit einem Auftrag, einem Werkzeugkasten und einer Funkverbindung zur großen Kommandozentrale – aus der heraus dir deine innere Stimme gerade diese Zeilen vorliest.

Deine Zellen arbeiten Tag und Nacht. Sie machen keinen Urlaub. Sie kennen keine Ausreden.

Sie nehmen auf, was du ihnen gibst. Sie leisten, was sie leisten können. Wie kleine Superhelden – mit Cape und allem Drum und Dran.

Aber wehe, du ignorierst sie zu lange! Dann beginnen sie erst zu flüstern – leise, aber schon aufgeregt. Dann fangen sie an zu murmeln, werden grummelig. Und schon bald sind sie zickig und schicken dir zornige Beschwerden und hohe Rechnungen in Form von Müdigkeit, Entzündungen und Wehwehchen.

Diese ungeliebte Post aus dem Zellbüro, wir alle kennen sie. Wir nennen das dann Krankheit. Oder Erschöpfung. Oder: „Ich weiß auch nicht, was mit mir los ist …“

Deshalb tauchen wir jetzt ab – tiefer als nur in die Kalorienangaben auf dem Pflaumenmus – und finden die Antworten meist dort, wo wir selten freiwillig hinschauen: in deinem Stoffwechsel, dieser genialen Mischung aus Hochofen, Chemielabor und Paketstation.

„Stoffwechsel“ – ein Wort, das so technisch klingt, wie aus der Gebrauchsanweisung für Nähmaschinen. Aber in Wahrheit ist dein Stoffwechsel der große Dirigent deiner Lebenssymphonie. Er entscheidet, ob und wie gut du schläfst, wie schnell du regenerierst, wie kraftvoll du denkst, wie klar du fühlst – und vor allem, wie es dir auf zellulärer Ebene wirklich geht.

Er ist nämlich Alchemist und Architekt zugleich. Er verwandelt Brokkoli in Zellenergie, das Glas Rotwein in biochemisches Chaos und Sonnenlicht in leuchtendes Leben. Kurzer Side Step: Dein Internist oder Kardiologe mag den Rotwein vermutlich deutlich weniger als dein Onkologe. Wer hier tiefer einsteigen möchte, dem empfehle ich „Krebszellen mögen keine Himbeeren“ von Dr. med. Richard Béliveau und Dr. med. Denis Gingras. Ein superspannendes Buch über antikarzinogene Ernährung!

Aber zurück zu deinem Stoffwechsel und deinen Zellen. Denn im Grunde geht es immer nur um zwei Dinge: Was kommt rein? Und was kommt wieder raus? Klingt total simpel – ist es aber nicht! Denn unser Körper ist keine Biotonne mit WLAN, sondern ein Wunderwerk mit einer täglichen Wunschliste an Aminosäuren, Vitaminen, Mineralstoffen und Enzymen. Und nein, Chips zählen nicht.

Manchmal funktioniert das Ganze wie eine Rolex mit Handaufzug – und manchmal eher wie ein überhitzter Motor mit altem Öl. Denn dein Körper ist nichts weniger als ein Hochleistungsreaktor: eine Mischung aus Turbine, Recyclinghof und Gourmetküche. Was du ihm zuführst, verarbeitet er. Und was er nicht braucht, will er loswerden – möglichst schnell, einfach und regelmäßig. Das ist der Kreislauf: einatmen, ausleiten, versorgen, entgiften – immer wieder.

Dein Körper bestellt, und du lieferst. Ganz intuitiv. Drei- bis viermal täglich. Mahlzeit!

Und wehe, du kommst ihm um 22 Uhr noch mal mit Spaghetti in Rotwein-Sahnesoße. Oh Mann, dann wird er grantig – stimmt’s? Dann schaut er dich an wie ein müder Nachtportier, der die dritte Woche in Folge die Spätschicht übernehmen muss, und schickt dir Schlaflosigkeit, Verdauungsprobleme, Schwitzen, Herzrasen, schlechte Träume. Und irgendwann vielleicht auch mehr. Hab’ ich recht?

Er kann das alles eine Weile ertragen – na klar –, aber er mag es nicht. Und irgendwann lässt er dich das wissen.

Wir Menschen sind faszinierend: Wir wissen, wie wir unser Smartphone laden müssen. Wir wissen, dass man keinen Diesel in einen Benziner tankt und dass die Quersumme von 145 genau zehn ist. Aber wenn es um uns selbst geht – um unseren Körper, unser Innenleben, unsere Versorgung –, dann zucken wir mit den Schultern und sagen Dinge wie: „Ach, das passt schon." Spoiler: Tut es nicht immer.

Stell dir deine Zellen wie eine mittelalterliche Burg vor: Sie brauchen Baustoffe, um die Burg zu errichten, zu erweitern und zu reparieren, wenn die Mauer bröckelt. Sie brauchen Energie, um die Burg zu betreiben – damit alles bewohnbar, beheizt und am Laufen bleibt. Nicht umsonst sagt man ja über gewisse Zeitgenossen, dass „nicht mehr viel Licht brennt" oder „gar niemand zu Hause" ist.

Und sie brauchen Abwehrstoffe, um Angreifer am besten schon vor der Zugbrücke in die Flucht zu schlagen. Sollten sie doch ins Innere der Burg eindringen, kämpfen deine Zellen – zumindest die, deren Job das ist (mehr dazu später) – mit List und Tücke und treiben sie wieder hinaus. So eine Zelle ist also Architektin, Handwerkerin, Feuerwehrfrau, Apothekerin und Freiheitskämpferin in einem.

In jeder Zelle arbeiten die sogenannten Mitochondrien. Diese kleinen Kraftwerke nehmen Zucker und Sauerstoff auf und verwandeln sie in pure Energie – sogenanntes ATP, Adenosintriphosphat. Klingt wie ein Pokémon, ist aber der Stoff, der dein Herz schlagen, dein Gehirn denken und deine Muskeln tanzen lässt.

Diese Mitochondrien sind quasi die Baristas deines Körpers: Gibst du ihnen guten Input, bekommst du Energie und Kraft mit perfektem Milchschaum. Gibst du ihnen schlechten Input, schäumen sie ebenfalls – aber vor Wut! Und das spürst du: Müdigkeit, Brain Fog, miese Laune, Krankheit. Kein Wunder, dass du die ganze Welt hasst, wenn du drei Tage lang nur Nudeln und Toast gegessen hast.

Kurze Verschnaufpause. Kannst du noch? Halte durch! Ich setze dir mit diesen Gedanken nur eine perfekt sitzende Brille auf – damit du die folgenden Seiten mit all den konkreten Pflanzen, Wirkstoffen, Wirkungsweisen, Zubereitungen und Steckbriefen gleich viel klarer sehen kannst. Denn die Wunderwirkung der Wild- und Heilkräuter setzt genau hier an: in der Zelle. In guten wie in schlechten Zeiten.

Für Neubau und Reparaturen gibt es außerdem einen Bauplan für den gesamten Körper – und jede Zelle trägt ihn in sich: die DNA. Darin steht alles, wirklich alles: Wie du aussiehst. Ob und wo du Falten bekommst. Ob du Koriander magst – oder findest, dass er nach Seife schmeckt (das ist tatsächlich genetisch bedingt!). Oder ob dein Toilettengang nach einer Spargelmahlzeit zur olfaktorischen Herausforderung wird (ja, auch das ist Genetik!).

Ein uraltes Rezeptbuch deiner Ahnen – diese DNA. Geschrieben aus nur vier Buchstaben: A wie Adenin, T wie Thymin, C wie Cytosin und G wie Guanin, die vier Basen und Bausteine der DNA. Mehr braucht es nicht – und daraus wird alles gebaut: Deine Haut. Deine Haare. Deine Augen. Deine Hormone. Deine Toleranzgrenze gegenüber Menschenansammlungen.

Deine Fähigkeit, Zahlen zu multiplizieren. Dein Sinn für Ironie.

Apropos Ironie: Deine Zellen sind hochgradig kommunikativ – richtige Plaudertaschen! Permanent senden sie Signale – elektrisch, chemisch, mit Lichtgeschwindigkeit. Du isst einen Apfel, und deine Zellen im Darm schreien los: „Hey, mega, leckere Fruktose am Start!“ Die Bauchspeicheldrüse fragt dann – was sie übrigens ständig tut –, ob sie Insulin rüberschicken soll. Der Rest des Körpers hört zu und wartet auf den Power-Kick aus deiner Verdauung.

Aber auch auf Lasagne, Stress und Netflix reagieren deine Zellen sofort – und aus dem Routinefunkverkehr wird ein biochemischer SOS-Notruf. Reagierst du auf dieses Gebrüll deiner Zellen nicht – oder zu spät oder zu selten –, werden sie irgendwann still. Und aus Stille wird Krankheit.

Etwas weiter hinten schauen wir ganz konkret ins Wörterbuch „Pflanzen – Zelle / Zelle – Pflanzen“. Du wirst staunen, was uns Pflanzen und Wildkräuter aller Art zu erzählen haben – und wie wunderbar es sich anfühlt, wenn man beginnt, ihre Sprache zu sprechen und sie wirklich zu verstehen.

Im Übrigen sind deine Zellen selbstlos bis zur letzten Sekunde. Sie opfern sich für dich, kopieren sich, teilen sich – nicht aus Langeweile, sondern weil du sie brauchst: zum Wachsen, Heilen, Reparieren.

Die Leber zum Beispiel beherrscht eine kostenlose Zaubershow deiner Zellen: Nach einer Schädigung – oder sogar nach teilweiser Entfernung – kann sie sich regenerieren und in vielen Fällen wieder auf ihre ursprüngliche Größe anwachsen!

Oder deine Haut: Wenn auch sie keine Lust auf Zellteilung hätte, wärst du binnen weniger Tage ein wandelnder Schmirgelblock – egal, wie viel du cremst.

Damit das alles so läuft, wie es laufen soll, brauchen Zellen viel Liebe. Und mit Liebe meine ich zum Beispiel:

- gesunde Fette wie Omega-3,
- sekundäre Pflanzenstoffe wie Bitterstoffe (Stichwort Leber),
- B-Vitamine und vieles mehr.

All das, was du dir gern mal in der Apotheke oder als Nahrungsergänzungsmittel holst, wächst auch im Wald, im Park – oder im Garten deiner Oma. Damit du besser erkennst, worum es sich bei diesen vielen kleinen Wunderpflanzen handelt, habe ich dir 24 Heilpflanzen für deinen Stoffwechsel zusammengestellt, deren Wirkung wir oft vergessen haben.

Womit ich zum Schlusswort und großen Halali für deine Zellen blasen möchte: Pflege sie, als wären sie kleine Göttinnen – denn genau das sind sie auch. Mach dir bewusst: Der Tag, an dem sie dir für immer den Dienst verweigern, ist dein letzter. Umsorge sie, nimm sie wahr und ernst. Füttere sie mit Licht, Luft, Löwenzahn, Vogelmiere oder frischen Lindenblättern – und mit allem, was dir sonst noch in diesem Buch begegnet. Lass sie atmen und sich bewegen. Führe ein und leite aus – bewusst, mit Spielfreude und Lust am Leben. Und höre auf sie, wenn sie flüstern – nicht erst, wenn sie dich anschreien.

Denn dein Leben spielt sich nicht nur in deinem Kopf ab – es pulsiert in jeder einzelnen deiner Zellen. Und die freuen sich über jeden Brennnessel-Radieschengrün-Smoothie (auch wenn er dir vielleicht nicht so schmeckt wie ihnen), über jede Schüssel fermentiertes Gemüse und vor allem über jeden Moment, in dem du barfuß über eine Wiese läufst.

Besonders verrückt: Wir lernen all das kaum noch. Nicht von den Eltern, schon gar nicht in Kita oder Schule. Vielleicht noch von unseren Großeltern – aber die werden immer stiller. Und immer weniger. Was bleibt also noch? Ganz klar: Bücher wie dieses.

Gern geschehen.

# Die Balance von Aktivität und Ruhe, Reiz und Regeneration

## Zwischen Jogginghose und Flow-Zustand – die Kunst der Balance

Was nun folgt, ist eine kurze, aber nicht weniger herzliche Einladung zum Schlendrian, zum bewussten Faulsein. Zumindest, wenn die Zeit dafür gekommen ist – und das ist sie im Übrigen viel öfter und viel intensiver, als wir sie uns gönnen.

Wir müssen uns eh mal tief in die Augen schauen, du und ich. Denn wenn deine kleinen Zellen so viel leisten, dann brauchen sie mehr als nur gutes Futter, saubere Luft und ein bisschen Wildkräutermagie. Sie brauchen eine richtige Dramaturgie, wie in einem guten Theaterstück! Dort geht es auch nicht nur um Text und Kostüme oder wie bequem die Sitze in der Loge sind, sondern es geht um Timing und Pausen, Action oder Applaus, dieses Wechselspiel aus Ja und Nein, leise und laut, schnell und langsam. Und genau das gilt auch für dich und deinen Körper. Denn alles – wirklich alles – in deinem Körper ist ein Rhythmus und lebt von der Abwechslung, von diesem Spiel aus Spannung und Entspannung, von Tun und Lassen. Sprint und Hängematte.

## Aktivität – dein täglicher Weckruf

Aber vor der Ruhe kommt die Unruhe, die Bewegung.

Und die ist nicht nur gut, weil es dir dein Schrittzähler gerade befiehlt oder dein Fitnessarmband regelmäßig diesen passiv-aggressiven „Los jetzt, aufstehen!"-Push schickt. Etwas Bewegung ist einfach deshalb so wichtig, weil sie deinen Körper wachküsst. Ganz wortwörtlich! Und nein, ich bin weder Fitnesscoach noch gehöre ich irgendwie anderweitig zu denen, die Aktivität als Dopaminspender überstrapazieren.

Aber: Sobald du dich bewegst, fließt dein Blut schneller. Wusstest du das? Sauerstoff rauscht dann durch deine Adern wie frischer Wind durch meinen Kräutergarten. Dadurch kommt die Lymphe – also das stille Detox-System deines Körpers – erst so richtig in Fahrt und deine Zellen beginnen sofort zu jubeln. „Yeah, Nachschub! Recycling! Jippiehhh."

Dieser Fluss in dir drin, genau der ist es auch, den du brauchst, wenn du dich schon bald mit Anlauf ins Thema Kräuter und Heilwirkung von Pflanzen begibst. Denn das, was dir Mutter Natur dort auf dem Servierteller präsentiert, sind mikrofeine Wundermoleküle, feinste Zaubermittelchen, fast wie Feenstaub. Die Pflanzen sind dafür beinahe nur die ästhetische Hülle, der Showroom, wie wir heute sagen würden. Aber das Innere, die Wunderkraft, kommt mikrofein daher und muss in dir drin jeden Winkel erreichen können. Schnell, direkt, ohne Umwege. Dafür braucht es deine gut durchbluteten Miniautobahnen, funktionierende Lymphe, genügend Sauerstoff. Und eben auch den einen oder anderen zarten Muskel und ein gesundes Herz, das mit Wonne deinen Heilungscocktail fleißig durch den Körper pumpt.

Du musst dafür weder Triathlet noch Nordic-Walking-Champion werden. Auch wenn dir das die Fitness-Gurus in ihren Video-Kanälen mantraartig aufzwingen wollen, hör einfach weg. Das kriegt doch kein normaler Mensch in seinen Alltag integriert, oder? Na also.

Aber ein zügiger, ausgiebiger Spaziergang, eine Runde Radfahren, eine Kräuterwanderung (oh jaaa!) oder barfuß über die Wiese laufen. All das aktiviert deinen Körper auf sanfte, aber effektive Weise.

Die Devise lautet hierbei immer: Bewege dich so, wie du dich gerne bewegst. Tanze, dehne, laufe, staubsauge zu Jazzmusik in den Ohren. Genau das mache ich zum Beispiel! Hauptsache, es fühlt sich lebendig an. Genau so sorgst du dafür, dass deine Wildkräuter-Neugier nicht als unnützes Pflanzenwissen in irgendeiner Hirnschublade verstaubt, sondern die lebensschenkenden Wirkstoffe auch jede einzelne Zelle (genau, da sind sie wieder!) erreichen.

## Ruhe – das unterschätzte Superfood

So, und jetzt kommt der Teil, den wir in unserer Hopphopphopp-Gesellschaft gerne mal vergessen: Ohne Pause keine Power. Ohne Regeneration kein Wachstum und ohne Ruhe keine Heilung. Punkt.

Das gilt für uns Menschen genauso wie für Heilpflanzen, Wildkräuter, Bäume. Nicht ohne Grund drehen die bei zu großer Hitze den Stoffwechsel herunter, kräuseln ihre

Blätter ein, um weniger zu verdunsten, oder verabschieden sich von Oktober bis Februar ganz in den Winterschlaf. Manchmal übrigens frage ich mich, ob das evolutionär nicht eigentlich auch viel cleverer ist? Einfach Stoffwechsel runter, Alterung stoppen, fertig. Und selbst, wenn mal irgendwo ein Ast abbricht, wächst er von alleine wieder nach – wie verrückt ist das denn bitte?

Aber zurück zur Ruhe, ihrer Bedeutung und zu dem, was die moderne Wissenschaft so vollmundig Longevity nennt: Wenn du ruhst oder schläfst, passiert etwas Magisches! Deine Zellen reparieren sich und dein Gehirn räumt auf. Kein Witz! Es sortiert Gedanken, Erinnerungen und Emotionen. Wie die japanische Aufräumberaterin Marie Kondo, nur ohne Schrank und Keller.

Und dein Immunsystem nutzt die Zeit, um sich zu sortieren, in sich hineinzuspüren, dem Gebrüll der Zellen zu lauschen, sich neu aufzustellen und kleine Entzündungsfeuer zu entdecken und zu löschen, die du tagsüber mit koffeinhaltigen Eskapaden am Lodern gehalten hast.

Deshalb: Gönn dir die Pause, und zwar nicht erst, wenn du krank im Bett liegst und dein Körper dich mit Zipperlein zu einem Zwangs-Retreat schickt. Wir haben verlernt, Regeneration zu planen. Dabei ist sie nichts anderes als ein Date mit uns selbst. Ein warmes Bad, ein Powernap (was ich im Übrigen nicht kann; mein Mann schon, und zwar immerzu und überall!) oder einfach mal nichts tun. Wirklich gar nichts, bestenfalls noch nicht einmal nachdenken. Damit wird Nichtstun zu einer bewussten Aktion! Und Aktionen kann und darf man planen. Arm hoch, wer schreibt sich „Nichts tun" schon in seine Kalender-App?

Versuch's, fühlt sich gut an!

Diese Ruhe, diese Regeneration ist dann einfach so viel mehr als Schlaf, mehr als ein langgezogenes Nickerchen mit Kuschelsocken und Duftkerze (von denen ich dir wegen der oft synthetischen Duftstoffe eh dringend abrate).

Regeneration ist der große, stille Rast-Knopf für deinen gesamten Organismus, deinen Stoffwechsel, deine Zellen. Die gute Nachricht dabei: Dein Körper weiß von ganz allein ziemlich genau, wie das geht – wenn du ihn lässt.

Gib deinem Körper, deinem biochemischen Open-Air-Ganztagskonzert nach Verklingen der letzten Töne nun Zeit, in Ruhe die Bühne abzubauen, das Equipment zu warten, die Elektrik zu überprüfen und die Toiletten zu reinigen, damit am nächsten Tag das Festival neu starten kann und keine matschige Katastrophe wird. Genau das ist Regeneration: Aufräumen, abbauen, aufbauen, auffüllen, Kanäle freispülen, fließen lassen und heilen. In aller Stille.

Regeneration ist für mich das neue Biohacking – nur eben irgendwie in kuschelig. Denn genau da, in der vermeintlichen Leere, entfaltet sich die Kraft, zu verarbeiten und wirken zu lassen, was du dir an pflanzlichen Geschenken selbst überreicht hast. Außerdem danken dir dein Kopf und dein gesamtes Nervensystem dafür, die tägliche Dauerkirmes auch mal auf tonlos zu schalten, damit du deinen Körper wieder hören kannst.

Kleiner Beweis gefällig?

Wie oft passiert es dir, dass du zur Ruhe kommst und dann urplötzlich Heißhunger auf Schokolade verspürst, wie aus dem Nichts? Siehst du, dein Körper hat die paar Sekunden Ruhe direkt genutzt, hat die Checkliste geladen, die Systeme geprüft und festgestellt, dass dir Magnesium fehlt! Oh nein, und jetzt?

Biologisch gesehen stehen dir nun Hülsenfrüchte wie Bohnen oder Erbsen zur Verfügung, genauso auch Nüsse und Samen wie Mandeln und Kürbiskerne. Aber auch Vollkornprodukte und grünes Blattgemüse wie Spinat, Wildreis, getrocknete Algen – oder eben Kakao.

Alles sehr reich an Magnesium.

Dass dein Körper sich für die Schokolade entscheidet, liegt nur an zwei ganz simplen Gründen: Erstens gibt dir der Zucker – für mich eine der schlimmsten Drogen überhaupt – zusätzlich einen Kick. Und zweitens verbindest du schöne Erinnerungen und Emotionen mit Schokolade, weil du vielleicht als Kind damit belohnt wurdest oder weil dir Oma früher heimlich ein Stück zugesteckt hat, obwohl Mama und Papa es augenzwinkernd verboten hatten. Bevor du nun gleich die Nase rümpfst: Ich liebe Schokolade! Je dunkler, desto besser. Und doch gebe ich mir, meinen Zellen, meiner Unterversorgung in einem solchen Moment zusätzlich etwas Magnesium. Weil ich weiß, wie sehr es mir hilft. Und weil ich weiß, wo ich es mir pflücken kann.

## Reiz mich ruhig – aber bitte mit Stil

Apropos Schokolade. Reize sind auch so etwas wie das Chili im Kakao: Ein bisschen davon macht alles interessanter, zu viel davon bringt dich ins Schwitzen. Und genau so funktioniert auch dein Körper. Er liebt Reize, aber bitte die richtigen zum richtigen Zeitpunkt in der richtigen Dosierung. Die, die ihn nicht überfordern, sondern ihn wachkitzeln, statt wachzurütteln wie ein schlechtgelaunter Radiowecker.

Schon an der Formulierung „Das find' ich aber reizend von Ihnen!" merkst du: Im Wort Reiz steckt zunächst einmal ganz viel Wohlwollen und Liebevolles. Dass wir uns die „reizende" Wirkung von Heilkräutern und Pflanzen aller Art hierbei positiv und stimulierend zunutze machen können und wie genau das funktioniert, das verrate ich dir gleich in den Steckbriefen meiner kleinen Kräuterkunde.

Vorab aber darfst du schon jetzt verinnerlichen, dass es nicht immer und nicht ausschließlich die heilenden Inhaltsstoffe sind, die uns gesund halten oder machen, sondern eben auch genau diese Reize auf Stoffwechsel und Immunsystem. Für die sogenannte Immunantwort deines Körpers auf Reize, die wir ihm mit Absicht und bewusster Dosierung links und rechts um die Ohren hauen, damit er aufwacht und beginnt, seinen Job zu machen.

Kälte- oder Hitzereize gehören ebenso dazu. Ob du morgens kalt duschst, in der Sauna schwitzt oder die Sonne wohldosiert an deine Haut lässt – all das sind Reize, die dich stärken, regenerieren und entzündungshemmend wirken können.

Im Grunde genommen alles, was außerhalb deines normalen täglichen Spektrums an Reizen passieren kann, hilft: Schärfe im Essen, Höhenluft beim Bergwandern, Salzwasser am Meer oder einfach nur ein motivierender Gedanke (der sogenannte Eustress) – alles wunderbare Reizimpulse.

Damit du nicht vor lauter Neugier platzt und schon heimlich nach hinten blätterst, gibt's jetzt einen ersten kleinen Exkurs in das, was vorn auf dem Buch draufsteht. Denn jetzt wird's richtig wild, im wörtlichen Sinne.

Sprechen wir über Reize, ist die Pflanzenwelt als einer der größten und gleichzeitig am meisten unterschätzten Zellflüsterer quasi fast in Vergessenheit geraten. Diese vielen kleinen Wunderdinge, die uns auf Spaziergängen, im Wald, im Park, im Garten anblinzeln und viel zu schade sind, um übersehen oder nur in unseren Teeschubladen in viel zu engen Gläsern versteckt zu werden. Denn vieles von dem da draußen ist nicht nur hübsch und eine dekorative Beilage auf dem Linsensalat, sondern auch ein biologisch aktiver Reizgeber mit ordentlich Power im Hintern.

Die Natur arbeitet dabei nie wirklich mit lautem Gepolter und Vorschlaghammer, sondern immer mit ganz sanften Klopfzeichen und Gesten. Und genau deshalb haben es diese feinen, pflanzlichen Reizimpulse oft so in sich, weil niemand damit rechnet, in welch kleinen Dosierungen schon Großes entstehen kann. Besonders, wenn du deinem Körper etwas Gutes tun und gleichzeitig deinen Stoffwechsel oder dein Immunsystem mal ordentlich wachzwicken möchtest. Los geht's – hier ein Crashkurs in „Reizreaktion“:

## Die Brennnessel – der grüne Rebell

Sie piekst, sie kratzt, und genau deshalb liebt sie dein Immunsystem. Die Brennnessel ist ein Paradebeispiel für das Prinzip „guter Reiz“. Ihre Inhaltsstoffe aktivieren Stoffwechselvorgänge, regen die Ausscheidung an (ja, Detox!), liefern Eisen, Chlorophyll und sekundäre Pflanzenstoffe, die deine Zellen feiern wie den neuen Hit von Taylor Swift. Brennnesseln sind sozusagen die grüne Avocado der Mitteleuropäer, nur viel preiswerter, massenhaft vorhanden und deutlich reizender – zumindest frisch gepflückt.

## Rosmarin – die Espresso-Tasse unter den Heilkräutern

Rosmarin ist nicht nur die knusprige Drama-Queen auf der Ofenkartoffel oder das mediterrane Urlaubsaroma auf Lamm oder Fisch. Er ist ein echter Mitochondrien-Motivator. Seine ätherischen Öle regen die Durchblutung an, machen müde Zellen quicklebendig und bringen deinen Kreislauf in Schwung, wie ein kleiner Kräutercappuccino. Perfekt gegen das 15-Uhr-Koma, einfach als Tee, Bad oder Tinktur.

## Schafgarbe – Lady Balance lässt bitten

Schafgarbe weiß, wann Schluss mit lustig ist. Sie beruhigt, wenn dein Körper ausflippt, und aktiviert, wenn du Blei an den Schuhen trägst. Sie reizt und wirkt modulierend auf das Immunsystem, pusht nicht um jeden Preis, sondern fragt dich mit gelassen-nasaler Studentenstimme: „Hey, was geht? Wie wär's mal mit einem Update deines Gleichgewichts?"

## Ingwer – der scharfe Reiz mit warmer Wirkung

Eigentlich wäre damit schon alles gesagt, stimmt's? Denn jeder kennt das: Ingwer ist der kleine Drachen unter den Heilpflanzen, in dem Falle aber vor allem das, was unter der Erde wächst. Die Knolle ist feurig, zischend und unglaublich wohltuend. Die enthaltenen Gingerole (wow, wie cool, wenn jemand deine Wirkstoffe als eigene Klassifizierung auch nach dir benennt, oder?) wirken entzündungshemmend, durchblutungsfördernd und bringen deinen Stoffwechsel zum Tanzen. Was für ein Reizalarm, was für ein Immunkonzert! Und ja, der leichte Schweißausbruch gehört mit zur Show.

## Bitterstoffe – der Reiz auf den ersten Schluck

Löwenzahn, Enzian, Wermut und Co. Sie schmecken vielleicht wie Omas Badezimmerreiniger, aber genau das ist ihr Geheimnis. Diese bitteren Reize, deren Reizimpulse bereits direkt im Mund und nicht erst im Magen oder Darm zünden, aktivieren Leber, Galle und Verdauung auf superelegante Art und Weise: ohne Zucker, aber mit voller Wirkung. Bitterstoffe sagen deinem Körper: „Achtung, Lieferung!" Und der Körper richtet sich auf, geht in Lauerstellung, legt seine Werkzeuge und inneren Säfte bereit und antwortet: „Super, kann losgehen."

Und was ist die Moral der Wildkräutergeschichte? Reiz ist nicht gleich Stress.

Der richtige Reiz ist wie eine Einladung zum Zell-Walzer auf dem Abschlussball: nicht zu laut, nicht zu schnell, aber auch nicht zu lasch, immer genau richtig dosiert, um alles in Bewegung zu bringen. Deinen Stoffwechsel, dein Immunsystem, deine Lebenslust.

Als Tasse Brennnesseltee nach dem Herbstspaziergang, als Fußbad mit Rosmarin, als Smoothie mit Ingwer, Zitrone und Honig oder einfach als das gute, alte, selbstgemachte Kräuteröl. Manchmal ist der sanfteste Reiz der, der am tiefsten wirkt.

Leider gibt es dann eben doch noch die anderen. Die Reize, die nicht gut sind, sondern nur laut: dauerhaft hohes Stresslevel, zu viele Lärmquellen gleichzeitig, blinkende, grelle Bildschirme oder toxische Menschen – diese Energiefresser mit Abitur und ihren 7-Minuten-Sprachnachrichten auf WhatsApp.

All diese Reize machen dich auf Dauer krank und kaputt. Da helfen auch keine Kräuter mehr! Deine Zellen fühlen sich überstimuliert und müde und steigen irgendwann genervt aus. Und dann liegst du mal wieder flach. Und das besonders gern mitten im Weihnachtsurlaub, wenn die Anspannung abfällt und der Körper kurz Gelegenheit bekommt, sich selbst mal im Spiegel zu betrachten.

Ich weiß, das alles hast du schon viele Male gehört, es klingt wie der mahnende Monolog deines Hausarztes kurz vor Quartalsende. Dabei ist das Geheimnis nicht, alle Reize zu vermeiden, sondern diese gezielt zu wählen. Setze dir bewusst Reize, die dich und dein System nicht überfordern, sondern fordern. Ganz „reizend" eben – genau das können Wildkräuter und Heilpflanzen richtig gut.

Und achte auf jene, die dir Kraft und Energie rauben und dich eng machen. Dein Körper ist kein Waffeleisen mit Bedienungsanleitung und automatischem Überhitzungsschutz. Er ist ein lebendiges Biotop. Er liebt Abwechslung, den Rhythmus, das Spiel und die Pause. Und er freut sich wie ein kleines Kind, wenn du ihm zuhörst.

Also, denke und agiere zyklisch und antizyklisch zugleich. Beweg dich, wenn du Energie brauchst, und ruh dich aus, wenn du dich leer fühlst. Nicht umgekehrt! Und setze dir die Reize – vor allem die aus der Natur –, die dich lebendig machen.

# Weisheit und Kraft im Hintergrund: Wie Hormonbalance und Nährstoffverwertung dein Leben lenken

Hormone. Dieses Wort klingt gleich schon ein bisschen nach türknallenden Teenagern oder PMS in kalenderzyklischer Missstimmung. Aber keine Angst, es braucht beides nicht, um das Thema spannend zu finden. Denn Hormone betreffen uns alle, jeden Tag, sogar jede Minute. Und dass gerade auch für die richtige Mischung unseres Hormoncocktails jede Menge Kräuter gewachsen sind, erfährst du nach exakt sechs Sätzen.

Hormone sind nämlich so etwas wie das Push-Fenster deines E-Mail-Programmes, das unablässig unten rechts im Bildschirm aufploppt. Nur deutlich subtiler, ohne Emojis und gern auch mal im Sekundentakt:

Cortisol, Insulin, Östrogen, Testosteron, Melatonin und manch andere, all das sind die Strippenzieher hinter deiner Stimmung, deinem Schlaf, deinem Appetit, deiner Energie. Und eben nicht nur deiner Libido. Wenn dieses feine Spiel aus Botenstoffen aus dem Takt gerät, wird es richtig ungemütlich: Haarausfall, Müdigkeit, Hautprobleme, Gewichtsschwankungen, chronische Entzündungen, Infektanfälligkeit (!) oder Stimmungsschwankungen können die Folge sein. Höchste Zeit also für einige Takte Pflanzenpower in deiner Hormon-Symphonie.

Weil dein Körper – wie wir gelernt haben – das Gleichgewicht und die Balance liebt, können Pflanzen hier so wunderbar eingreifen, indem sie genau dieses Gleichgewicht wiederherstellen, ohne gleich den gesamten Hormonhaushalt durcheinanderzuwirbeln wie meine Mutter unseren Besteckkasten, wenn sie mal zu Besuch ist. (Mama, ich hab' dich trotzdem lieb!)

Stattdessen arbeiten adaptogene (also pflanzliche Wirkstoffe, die Körper und Geist helfen, sich an physi-

sche und emotionale Stresssituationen anzupassen) und phytohormonelle Pflanzen – wie Ashwagandha, Maca, Mönchspfeffer oder Schafgarbe – wie die kleine Stimmgabel, die bei uns auf dem Klavier liegt, und bringen dein endokrines System ins Schwingen:

**Ashwagandha**, oft als die sanfte Nervenflüsterin bezeichnet, senkt das Stresshormon Cortisol, wenn du mal wieder zu viel denkst und nicht „herunterfahren" kannst.

**Maca** ist der allseits bekannte Hormon-Booster und ein schon von den Inka vor über 2.000 Jahren geschätztes, natürliches Aphrodisiakum, das die Libido bei sexueller Unlust anregen kann. Generell ist die Maca-Wurzel eine echte Proteinbombe und enthält obendrein noch sehr viele Ballaststoffe, Eisen, Kupfer, Kalium, Magnesium, Jod, die Vitamine C und K und einige B-Vitamine. Was für ein Überraschungsei!

**Mönchspfeffer** war eine der ersten Pflanzen in meinem Kräutergarten – ich erzähle später noch viel mehr über ihn. Hier nur schon als kleiner Appetizer: Er wird nicht umsonst als die kleine kluge Schwester von PMS bezeichnet, denn Mönchspfeffer reguliert ganz sanft Zyklus und Stimmung, wenn man weiß, wie man ihn anwendet.

**Salbei oder Schafgarbe** wiederum sind Hitzewellenbändigerinnen und Stimmungssaniererinnen, auch und sogar in der Menopause oder bei hormonellen Schwankungen generell.

All diese Pflanzen wirken also nicht wie eine Dampframme, sondern eher wie ein stilles Gespräch bei Kräutertee und Relax-Playlist. Sie bleiben sanft und klug und legen Wert auf Langzeitwirkung. Sie sind nichts für den gestressten Salatteller to go in der hektischen Mittagspause, sondern brauchen Zuwendung, Bewusstheit und die Bereitschaft, diese Nährstoffverwertung ganz achtsam anzuwenden.

Generell sprechen alle ständig darüber, was und wie viel wir essen, alle drei Monate jagen wir eine neue Diät- oder Ernährungssau durchs Dorf und niemand behält mehr wirklich den Überblick über das Was und Wie und Warum.

Vor allem sind das (tut mir leid, liebe Online-Kolleginnen und -Kollegen) gern auch mal gut gemeinte Videotipps von Anfangzwanzigjährigen, die im Leben eines normalen Erwachsenen mit Job, Kind und Familie so kaum umzusetzen sind: Low Carb, High Protein, Flexitarismus, Health-Bubble-Tea, intermittierendes Fasten mit extra Chiasamen und Hafermilch-Topping.

Aber ganz ehrlich – Essen an sich ist zwar wichtig, aber nur die halbe Miete. Die andere Hälfte scheint mir viel wichtiger, denn es muss auch geklärt sein, ob und was dein Körper damit überhaupt wirklich anfangen kann. Wo braucht er genau dies oder jenes? Denn viele bunte Nährstoffe oder pflanzliche Zaubersprüche auf dem Teller bedeuten noch lange nicht, dass sie auch in die Zellen hineinfinden. Dafür braucht es so viel mehr: eine gesunde Verdauung, funktionierende Enzyme, eine muntere Leber und ihre beste Freundin, die Bauchspeicheldrüse, und vor allem ein Darmmilieu, das nicht aussieht wie ein Partykeller am Neujahrsmorgen.

Und genau hier kommen sie wieder, unsere grünen Helden aus Wiese und Wald, aus Großmutters Apotheke oder dem eigenen Kräuterbeet: die Bitterstoffe. Ohne sie geht nichts, auch wenn sich Kopf, Zunge, Gaumen und unser gesamter Geschmacksapparat dagegen wehren, weil es ihnen seit frühester Kindheit aberzogen wurde und wir praktisch nur noch süß, sauer, salzig und scharf zu schmecken scheinen.

Dabei hast du – haben wir alle – Bitterstoffe so bitternötig, und deshalb gehe ich etwas später nochmals ganz intensiv auf sie ein.

Löwenzahn, Enzian, Wermut und Co. fördern die Bauchspeicheldrüse, wecken die Galle und animieren die Leber. Warum wohl gibt es seit dem Mittelalter Kräutertinkturen und „heilende Elixiere“, die kaum später gern auch mit Anis, Fenchel, Wacholder, Zimt, Muskat und vielen weiteren regionalen Kräutern verfeinert wurden, um sie dann nach einem zu üppigen Mahl zu genießen?

Sie bringen deine Verdauung zum Laufen, wie du es wahrscheinlich nur vom morgendlichen Kaffee kennst. Das ist die sogenannte Darm-Hirn-Achse. Bitteres wird bereits im Mund als solches erkannt, das Gehirn bekommt Signale und diese gehen binnen Sekunden in Darm, Galle, Leber. Und die wiederum arbeiten bereits nach wenigen Minuten mit Hochdruck.

Die so entstehenden Verdauungssäfte deines Körpers helfen nun, Proteine in Aminosäuren zu zerlegen, Fette zu emulgieren, Mineralstoffe aufzunehmen und die Nährstoffe schließlich genau dorthin zu schicken, wo sie gebraucht werden: in die Zelle zur Reparatur, zur Energieproduktion und zum Zellaufbau. Sie braucht nämlich keine „Superfoods mit VIP-Bereich, Vorband und Zugabe", sie braucht funktionierende Bauteile, und die gibt es nur, wenn die Verwertung stimmt.

Deshalb frag dich doch einfach ab sofort immer mal: Habe ich heute etwas gegessen, das bitter geschmeckt hat? War heute ein Moment dabei, der mich nicht nur zuckerglücklich oder pappsatt gemacht, sondern auch wirklich versorgt hat?

Die Besinnung auf Nährstoffe, pflanzliche Lieferanten oder die Bedeutung unseres Hormonhaushalts ist also kein Lifestyle, sondern Lebenssubstanz. Dein Körper braucht keine neue Diät. Er braucht Balance und Pflanzen, die ihn verstehen. Und er braucht Zeit und Ruhe, um zu verwerten, was du ihm gibst, und dir anzuzeigen, was ihm noch fehlt.

Denn wenn deine Hormone im Gleichklang schwingen und die Nährstoffe dort ankommen, wo sie wirken sollen und können, dann kann dein Körper das tun, was er besser kann als jede Medizin: heilen, regenerieren, sich wehren, erstarken und von innen heraus strahlen.

# Dein Immunsystem. Die stille Intelligenz im Hintergrund

Bevor wir deinem Immunsystem mit Wildkräutern unter die Arme greifen, werfen wir einen Blick hinter die Kulissen: Wer sind eigentlich diese inneren Bodyguards? Wo genau wohnen sie und woher wissen sie, wann sie loslegen und wann sie die Killerzellenfüßchen stillhalten können?

Du darfst eines nicht vergessen: Dein Immunsystem ist kein einzelner Superheld im Ritterkostüm, der dich bewacht und beschützt. Es ist ein unfassbar vielschichtiges, munter kommunizierendes, super fein abgestimmtes System aus Sicherheitsfeatures, das an die undurchdringlichen Algorithmen von Social Media erinnert.

Im Übrigen hast du sogar zwei Immunsysteme: ein angeborenes und ein erworbenes.

Das angeborene Immunsystem ist dein erster Schutzschild, der schon direkt nach der Geburt zu arbeiten beginnt. Es ist schnell, effektiv, aber noch etwas grob. Es kennt also noch keine Verbrechernamen, aber ihm fallen durchaus schon verdächtige Typen auf, die da durch deinen Körper schleichen. Bakterien, Pilze, Viren oder winzige Fremdpartikel, beispielsweise Feinstaub – all das, was nicht nach dir riecht und aussieht, wird zumindest schon einmal markiert, umzingelt und schließlich neutralisiert.

Die drei wichtigsten Stars in deinem Team sind dabei:

- Makrophagen, das sind die Fresszellen, groß, stark und nimmersatt.
- Granulozyten, deine schnellen Einsatzkräfte, die bei jedem Alarm erst mal direkt vorbeikommen.
- Natürliche Killerzellen (sogenannte NK-Zellen).

Die drei agieren schnell, aber ziemlich ungezielt, ganz ohne Gedächtnisfunktion, einfach intuitiv. Sobald aber derselbe Erreger

ein zweites Mal kommt, dann springt die Erinnerung an und Team Nummer zwei ist am Start, dein erworbenes Immunsystem.

Und dieses entwickelt sich über lange Zeit durch Erlebnisse, Erfahrungen, Infekte, Impfungen und einfach auch durch den Kontakt zur Umwelt. Es arbeitet deutlich langsamer als das angeborene, aber dafür hochspezifisch. Wie eine Mischung aus Sherlock Holmes und Sternekoch: Es schaut sich das Problem genau an, analysiert die Zutaten und entwickelt dann maßgeschneidert genau die Antikörper, die exakt zu diesem Eindringling passen.

Hier mit dabei sind:

- T-Zellen, ziemlich clever, vielseitig und mit einem super Gedächtnis, helfen anderen Immunzellen und halten alles in Balance.
- B-Zellen, die Antikörperfabrik mit riesigem Werkzeugkoffer, sind bei Erregern super nachtragend und vergessen niemals.
- Gedächtniszellen speichern Erfahrungen ab und bauen Autobahnen, damit dein Körper bei einem erneuten Kontakt mit einem Erreger künftig sofort reagieren kann.

*Giftiges Trio: Herbstzeitlose, Blauregen, Fingerhut*

Dieses so über die Jahre erworbene Immunsystem ist so etwas wie dein ganz persönlicher Immunintellekt. Er braucht Training, immer mal eine kleine Herausforderung und gerne auch mal einen bereits beschriebenen Reiz, ein pflanzliches Durchkitzeln für dein Immunsystem, einen Impuls, der sich nach Feind anfühlt, obwohl es nur eine Übung war.

Denn genau das ist ein großer, wenn nicht der wichtigste Effekt von Wildkräutern oder Heilpflanzen insgesamt: Der sanfte Tritt in deinen immunologischen Hintern – entweder um mit besonders wertvollen Inhaltsstoffen für dringend notwendigen Nachschub in der Reservekammer deines Körpers zu sorgen oder um dich liebevoll in den Schwitzkasten zu nehmen. Denn viele, sehr viele Heilpflanzen sind leicht toxisch, aber oft zu deinem Besten.

Von den gemeinhin als giftig bezeichneten Pflanzen um uns herum hast du längst gehört. Da sind zum Beispiel die Eibe (hier genügen schon wenige Nadeln in einem Tee und das war dann dein allerletztes Heißgetränk auf Erden), der Blauregen, der Oleander, die Thuja, selbst der Buchsbaum. Oder auch Eisenhut, Fingerhut, Engelstrompete, Herbstzeitlose oder Tollkirsche.

Manche davon sind tödlich giftig und, na klar, die kennt man.

Dabei unterschätzt du, dass generell nicht alles, was im Wald wächst, lieblich ist. Manchmal sogar eher ziemlich herausfordernd! Genau das ist es, was wir nutzen können, um das Immunsystem auf Trab zu halten. Aber der Reihe nach:

Nehmen wir mal den Holunder, unseren charmanten Dampfkochtopf. Diesen wunderbaren Strauch mit seinen herrlich duftenden Blütendolden, seinen intensiv dunklen Beeren und seiner jahrhundertealten Mystik liebe ich über alles. Und dennoch ist diese Pflanze wie eine entfernte, vollbusige Großtante aus dem Schwarzwald: Zwar warmherzig, liebevoll und nährend, aber wehe, du kommst ihr roh und unvorbereitet zu nah, dann wird es heftig. In ihren Beeren und Blüten stecken nämlich leicht toxische Substanzen, darunter Sambunigrin, ein sogenanntes cyanogenes Glykosid. Ein Stoff, der bei Zerstörung giftige Blausäure (Cyanid) freisetzen kann. Erfunden hat Mutter Natur das nicht gegen uns, sondern als Schutz vor Fraßfeinden wie Blattläusen oder Käfern. Gott sei Dank riecht das schon im Rohzustand nicht unbedingt nach Kuscheldecke, sondern eher nach: „Schatz, lass uns das doch bitte erst kurz aufkochen, hm?“

Und jetzt kommt der Clou, denn genau diese toxischen, reizenden Stoffe sind es, die dein Immunsystem triggern und aufwecken. Holunder macht dich bereit, bringt deine Immunzellen in Habachtstellung, und dein Körper aktiviert die Lymphknoten. Dann beginnst du zu schwitzen, weil dein Körper die Giftstoffe direkt loswerden möchte, und mit all dem, was dann aktiviert und auf Abtransport getrimmt wird, wirst du auch schädliche Substanzen oder Erreger gleich mit los. Obwohl es nur ein Fehlalarm war – und irgendwie eben auch nicht. Dein Körper macht diese Trockenübung ohne echten Eindringling super gern, trainiert seine Reaktionszeit wie mit einem guten Kreuzworträtsel und wird beim nächsten Mal gezielter und schneller.

Weil es so schön ist, nach dem Holunder hier gleich noch ein zweiter Pieks fürs System – und zwar wortwörtlich.

Die gute alte Brennnessel sieht aus wie zu schlank geratener Spinat mit etwas zu viel Selbstbewusstsein, fühlt sich jedoch an wie ein beherzter Griff an den elektrischen Weidezaun. Aber genau dieses Brennen hat absolut Sinn!

Die kleinen Nesselhaare enthalten Acetylcholin, Histamin und Ameisensäure, also genau die Stoffe, die deinem Körper unvermittelt Gefahr suggerieren. Dieser Mini-Reiz aktiviert die Durchblutung, lockt die Immunzellen in die Region des Angriffs und regt den Stoffwechsel an. Der Großvater meines Mannes hat zeitlebens Brennnesseln als Futter für seine Hühner mit bloßen Händen gepflückt, mit Vorliebe die ganz jungen, hellgrünen, in denen noch der Teufel persönlich wohnt. Nach eigener Aussage hat ihm das immer gegen seine schmerzenden, gichtgeplagten Fingergelenke geholfen.

Für alle, die einen weniger heldenhaften Umgang mit Brennnesseln bevorzugen, gibt es hier den ultimativen Wiesen-Hack: Wenn euch die Nessel gezwickt hat, einfach zwei, drei Blätter vom Spitzwegerich pflücken – oder gleich ein paar mehr. Quetscht und zerreibt diese ganz intensiv mit den Fingern, bis der grüne Pflanzensaft austritt. Diesen reibt ihr euch gleich mitsamt den Blättern auf die brennende Stelle. Nach zwei bis drei Minuten ist das Wunder geschehen und der Schmerz ist vollständig weg. Und bleibt es auch.

Da siehst du mal wieder: Pflanzen arbeiten mit deinem Körper und nicht gegen ihn. Kein unnötiges Überreizen, kein verharmlosendes Unterdrücken. Nur eine gute Portion Beistand, Inspiration und ordentlich Pflanzenintelligenz.

Dein Immunsystem ist kein sturer Türsteher mit breitem Kreuz und Sonnenbrille. Es ist ein hochsensibles Hightech-System, blitzschnell, aber diplomatisch. Es wehrt ab, prüft, erinnert sich, vergisst wieder, erkennt Freund und Feind und weiß sich zu wehren, falls nötig.

Ein bisschen so wie die große Schwester, die dich zum ersten Mal mit auf eine Party nimmt und genau schaut, wer dich anspricht, wer dir den Drink aus der Hand schlägt und über wen sie dir schräge Storys aus dem Vorjahr erzählen kann. Und damit das alles funktioniert, braucht das Immunsystem Pflege, Schlaf, ein bisschen Zuwendung und vor allem keinen Dauerstress.

Im Inneren deines Körpers tobt nämlich ein täglicher Mini-Krimi. Fresszellen patrouillieren wie aufmerksame Wachhunde, Killerzellen schleichen wie Ninjas durch den Blutkreislauf, T-Helferzellen geben lautlose Befehle weiter und B-Zellen produzieren auf Teufel komm raus Antikörper, also viele kleine, maßgeschneiderte Pfeile gegen die Eindringlinge.

Mach dir einfach immer bewusst: Wenn dich Viren oder Bakterien angreifen, um dich kurzfristig außer Gefecht zu setzen oder dir sogar langfristig zu schaden und dir schlimmstenfalls ans Leben zu wollen, dann hängt der Verlauf des Ganzen eben nicht nur von der Stärke deines Gegners ab, sondern vor allem auch von deinen eigenen Ressourcen. Du bist nichts anderes als ein Wirtstier! Viren und Bakterien wollen sich in dir einfach nur wohlfühlen und vermehren – wer will es ihnen also verübeln, dass auch sie um ihre neue Wohnung kämpfen.

Um zu veranschaulichen, wie leicht es ist, in diesen Kampf ziemlich leichtsinnig und fahrlässig zu ziehen, zeige ich dir noch rasch zwei natürliche Feinde deines Immunsystems.

Feind Nummer eins – und ja, es tut weh, aber es muss sein – ist der Zucker.

Mit nur einem Klick findest du unzählige Studien darüber, dass unmittelbar nach einem Zuckerkick dein Immunsystem für bis zu 45 Minuten wie gelähmt seinen Angreifern gegenübersteht und tatenlos zuschauen muss, was da so alles in dich eindringt. Deine Abwehr schläft, dein Mittelfeld träumt vor sich hin und dein Torwart hält sich die Augen zu! Also kümmere dich um dein Immunsystem, halte es in Bestform. Deine Zellen sind Teamplayer und keine Einzelkämpfer. Und Finger weg von allem, was dich nicht wirklich nährt.

Feind Nummer zwei – du ahnst es – ist Stress.

Dieser Immun-Killer in Markenklamotten hat sich aufgeschwungen, der neue Zeitgeist sein zu wollen. Immer charmant, immer auf Achse: Job, Freizeit, Hobbys, Sportverein, zu viele (falsche) Freunde, zu viele Themen, zu viele Möglichkeiten, immer noch schneller und lauter und mehr, mehr, mehr. Aber heimlich saugt dir das alles deine Energie ab.

Chronischer Stress lässt dein Immunsystem durchdrehen oder ganz zusammenklappen, je nach Laune. Er produziert zu viele Botenstoffe, einen

Cocktail aus „Halte durch!“ und „Hiiiilfeee!“, gerät in den Dauerfeuer-Modus, kann Freund und Feind nicht mehr unterscheiden und dann geht die Party richtig los: Entweder deine Immunzellen bekämpfen sich selbst – Autoimmun lässt grüßen – oder jeder kleine Erreger wird zu einem Infekt.

Gib deinem Immunsystem deshalb Pausen, Meditation, Spaziergänge, Schlaf, gute Laune. Ich weiß, das scheint so furchtbar schwer, und ich habe ja gut reden.

Nein, habe ich nicht. Ich lebe in dem gleichen Teufelskreis wie du, ich mache genauso viel falsch, habe selbst oft viel zu viel Stress, Kopfkino und Gedankenkreisel, hangle mich selbst noch zu häufig von „Muss das wirklich sein?“ zu „Oh, ein viel zu lautes Volksfest, wie wunderbar!“ und ärgere mich über mich selbst. Aber ich sehe es, ich reflektiere und ich schwinge mich auf, zu behaupten: Ich schaffe das! Und du schaffst das auch. Wenigstens ein bisschen.

So, und jetzt vorsichtig den Kopf etwas einziehen, hier wird es dunkel und eng: Ich zeige dir nun das Hauptquartier deines Immunsystems. Willkommen in deinem Darm!

Ich weiß, das ist alles nur wenig sexy, aber genau hier entscheidet sich, ob dein Körper Freund von Feind unterscheiden kann, ob und wie schnell er Entzündungen erkennt und regulieren kann und ob die Nährstoffe dort landen, wo sie gebraucht werden. Ein ausgeglichener Darm ist wie ein gut gelaunter Sicherheitsdienst, der ausgeschlafen, effizient und routiniert schaut, wo es brenzlig werden könnte.

Neben dem Darm gibt es jede Menge Nebengelasse und weitere feste Stützpunkte deiner immunologischen Freiheitskämpfer:

- Das Knochenmark. Hier werden die Immunzellen geboren, alles hochsteril, mit weißen Kitteln und überlebenswichtig für dein gesamtes System.
- Der Thymus. Ein ziemlich unbekanntes, lymphatisches Organ hinter deinem Brustbein, direkt über dem Herzen, sozusagen die Schule deiner T-Zellen. Hier wird gelehrt, wie sie Freund und Feind unterscheiden.
- Die Milz. Das ist dein blutreinigendes Multitalent, das filtert, speichert und deinen Körper mit jedem Herzschlag scannt, fast wie eine Art inneres Prüflabor mit Backoffice und Lagerhalle.
- Das Lymphsystem. Quasi das Transportsystem deines Immunsystems. Die Lymphe ist wie ein stiller Fluss, der niemals versiegen darf, auf dem Informationen, Signale und Zellen wie Flöße treiben, und der bei Niedrigwasser arg ins Schwitzen kommt.
- Die Schleimhäute. Deine Außengrenze mit Grenzpatrouille und Passkontrolle. Alles wird gecheckt, geprüft und direkt gestoppt. Wer doch passieren darf, gelangt sofort direkt und tief in dein System.

- Und wie bereits beschrieben: dein Darm, die Schaltzentrale. Hier sitzen bis zu 100 Billionen Bakterien in fast 500 verschiedenen Arten, die nicht nur die Verdauung steuern, sondern eben – und das ignorieren wir Menschen fatalerweise viel zu oft – auch dein Immunverhalten prägen und den Löwenanteil deines Immunsystems ausmachen.

Alles steht und fällt also mit einem gesunden Darm. Bücher dazu verkaufen sich seit Jahren wie Originalautogramme von Kate Winslet und Leo DiCaprio.

Ein wackeliges, permanent gestresstes und überfordertes Mikrobiom hingegen ist wie ein Club ohne Einlasskontrolle: Jeder kommt rein, niemand wird geprüft, am Ende brennt die Hütte und nur noch die Medikamenten-Polizei kann halbwegs lindern, aber eben nicht heilen.

Also, füttere deinen Darm mit Ballaststoffen, Fermenten, mit sekundären Pflanzenstoffen und Bitterstoffen. Präsentiere deinen Darm-Bewohnern leckere Hauptmahlzeiten und immer mal „einen Knabberteller", wie meine Tochter sagen würde, den du dir problemlos in Wald und Wiese selbst zusammenstellen kannst.

Und bevor wir uns mit Schwung auf genau diese vielen kleinen und großen Wundermittel aus Mutter Naturs Kräuterküche stürzen, liegt mir ein weiteres Thema ganz besonders am Herzen. Der Begriff findet sich gern auch mal auf den Preislisten moderner Longevity-Experten und -Kliniken (ja, so etwas gibt es mittlerweile, weil es naheliegend erscheint, angesichts der Angst der Menschen vor dem Tod, ihnen zu Lebzeiten gesundheitliche Glückseligkeit zu verheißen). Er ist eine Mischung aus französisch anmutender Naturkosmetik und auf Englisch verkleidetem „Ach, Altwerden ist doch gar nicht so schlimm!". Dabei ist es nicht das neue Anti-Aging, sondern das biologische Pendant zu „Familienstreit im Zellwohnzimmer".

Die Rede ist von Inflammaging, einem Kofferwort aus „inflammation", also Entzündung, und „aging", dem Altern.

Gemeint ist damit die Mischung aus chronischen, stillen, oft jahrzehntelang unentdeckten und dauerhaften kleinen Entzündungen in deinem Körper und dem langsamen, leicht beleidigten Rückzug deines Immunsystems aus dem aktiven Dienst. So wie die Angelika aus deiner Abi-Klasse, die monatelang vehement um ein Klassentreffen bettelt, dann aber beim Organisieren plötzlich super beschäftigt ist, weil sie meint: „Ihr seid sowieso die viel besseren Organisatoren für so was." Danke, Angelika!

Generell geht das Altern immer mit einer Zunahme von Entzündungsbotenstoffen in deinem Körper einher, und gemeint sind damit nicht der entzündete Handrücken, weil du im Backofen mal wieder an die Oberhitze gestoßen bist, und auch nicht die Schwellung vom eingewachsenen Zehennagel. Nein, es geht wirklich um entzündliche Prozesse in dir, von denen du nur indirekt oder schlimmstenfalls überhaupt nichts merkst.

Was genau passiert da eigentlich? Deine Immunzellen sind grundsätzlich immer gut drauf. Wie du nun weißt, haben die angeborenen einen inneren Auftrag und die erworbenen sind fleißig am Lernen. Die einen räumen auf, die anderen passen auf, andere werden Tag für Tag besser. Das gesamte System ist wie eine glückliche Mädchen-WG mit Gruppenchat und penibel gepflegtem Reinigungsplan.

Aber mit der Zeit – durch Stress, schlechte Ernährung, Schadstoffe, Schlafmangel und deutlich zu wenig wilde Kräuter auf dem Speiseplan – passiert etwas Subtiles und ziemlich Gemeines: Deine Immunzellen bleiben aktiv, obwohl gar nichts los ist!

Permanent im Eichhörnchenmodus, hektische Bewegungen, hysterische Blicke und der innere Glaubenssatz: „Hier stimmt was nicht, ich schlag' mal besser gleich Alarm!"

Mit dem Ergebnis, dass du ein unterschwelliges Entzündungsniveau entwickelst. Noch nicht schlimm genug für Fieber, aber gerade genug, um deine Zellen müde zu machen, die Mitochondrien (erinnerst du dich?) zu überfordern und deinen Stoffwechsel eingeschnappt in die Schmollecke zu schicken.

Und wenn du dich fragst, was das alles mit Longevity und unserem sehnlichsten Wunsch nach langem, erfülltem und gesundem Leben und der Kraft der Pflanzen zu tun hat, dann kommt hier die bitterste Erkenntnis der ersten 40 Seiten dieses Buches:

Eine ganze Menge, wenn nicht sogar alles!

Denn Inflammaging – egal, ob du es so neumodisch oder wie unsere Großmütter einfach noch als „chronische Entzündungen“ bezeichnen magst – ist der kleine, gemeine Gegenspieler des gesunden Alterns.

Es verlangsamt die Zellerneuerung, sabotiert die Regeneration und macht dich innen drin alt, auch wenn du außen noch als vermeintlich „jung geblieben“ durchgehst, dank guter Gene, Lipgloss und Haarspray.

Egal, wie deprimierend das klingt – denn die überwiegende Mehrheit der Dinge, die du täglich isst, trinkst und tust, ist mit großer Sicherheit entzündungsfördernd –, es gibt Rettung. Nicht durch teure Cremes, sondern durch simple, wirkungsvolle Dinge:

- Wildkräuter, die entzündungshemmend wirken, zum Beispiel Löwenzahn, Schafgarbe, Andorn oder die wunderbare, maximal unterschätzte Vogelmiere.
- Bewegung mit Gefühl, also Treppensteigen statt Fahrstuhl oder Spazieren statt Rennen.
- Pflanzenrituale, die den Stress senken, mit Lavendel, Melisse oder Passionsblume.
- Schlaf, echter Schlaf, mit geschlossenen Augen und Schnuffeltuch, kein Netflix-Halbschlaf mit Nackenschmerzen und Augenringen aus Dopamin.

Stell dir einfach vor, du findest eines Morgens auf deiner inneren Fensterbank einen Brief, adressiert an dich. Absender: Dein Körper.

*Liebes Du,*
*ich bin es, dein Körper.*
*Zeit für ein paar Gedanken?*

*Ich wollte dir schreiben, leise, in*
*Wärme, in Müdigkeit,*
*in der Sehnsucht nach Stille.*
*Vielleicht hast du es gespürt, vielleicht auch nicht,*
*aber ich bin noch da.*

*Und ich verspreche dir: Ich krieg' das hin.*
*Ich kann atmen, reparieren, wachsen und ordnen.*
*Ich weiß, wie Heilung geht, denn ich bin Natur, keine Maschine.*
*Ich bin kein Projekt, ich bin DEIN ZUHAUSE.*

*Ich werde älter, ja.*
*Aber Altern ist kein Versagen, keine Strafe und vor allem nichts,*
*was du verhindern kannst.*
*Altern ist ein Werden, ein Wachsen, ein Sich-Entfalten in andere Farben*
*und Geschichten.*
*Was du Falten nennst, ist mein Erinnerungsspeicher an ein Leben voller Lachen.*
*Was du Schwäche nennst, ist nur mein stiller Ruf nach Zuwendung.*

*Ich bin gemacht für 100 Jahre und mehr.*
*Wenn du mich lässt – und wenn du mir hilfst.*
*Denn ich brauche nicht viel. Nur das, wofür ich gebaut bin:*
*Luft, Wasser, Licht.*
*Und das Wilde, das Grüne, das, was zur Sonne wächst.*
*Diese stillen kleinen Wesen, die am Wegesrand stehen und*
*nach dir rufen,*
*während du eilst und übersiehst.*

*Dabei sind sie deine Verbündeten:*
*Die Linde, deren Frühlingsblätter deinen Husten lindern.*
*Die Brennnessel, die dich sanft reizt und stark macht.*
*Der Beifuß, dessen Bitterkeit dich heilt und entspannt.*
*Die Schafgarbe, zart wie Erinnerung und klug wie ein Instinkt.*
*Kapuzinerkresse und Bärlauch, unbestechlich gegen Bakterien,*
*Pilze und Viren.*
*Die Hagebutte, prall gefüllt mit Lebensenergie.*

*Sie alle erinnern mich an das, was ich bin: ein lebendiger Teil der Erde.*
*Ich brauche keinen Krieg gegen das Altern, keine Fitness-App mit Trink-Erinnerer, keine Spritzen unter die Stirn.*
*Und auch nicht die innere Kritikerin, die sich ständig meldet, wenn du ein Stück Kuchen isst.*
*Ich brauche Frieden mit dem, was ist. Und ich brauche dich an meiner Seite.*
*Nicht als Richterin.*
*Nein. Als Hüterin, als Freundin.*

*Wenn du mich liebst, musst du mich nicht retten.*
*Du musst mich nur sehen, mir zuhören, mich lassen und unterstützen.*
*Dann rette ich DICH!*
*Ich kämpfe für dich, nicht gegen dich, jeden Tag.*
*Tu das bitte auch für mich. Dann heilen wir uns und werden alt.*

*Ich trage dich – wenn du mich trägst.*
*Leichtfüßig, leise und jeden Tag ein bisschen weiser.*

*In Liebe. Dein Körper*

# TEIL 2: DER GANZHEITLICHE WEG ZU VITALITÄT UND LANGLEBIGKEIT

# Die Weisheit der Wildpflanzen und warum Heilkräuter nicht nur Inhaltsstoffe, sondern Botschaften tragen

Stell dir vor, du gehst durch einen Wald, einen Park, eine Wiese, einen ungepflegten Randstreifen. Dort, wo andere Unordnung sehen, siehst du schon bald das große Orchester der Natur sitzen und hörst es spielen. Ohne Notenblatt und Dirigenten, aber mit jahrmillionenalter Erfahrung.

Was da wächst, ist kein Zufall, sondern alles Evolution, Biologie, pures Überleben und ein Angebot an dich. Denn wenn wir über Wildpflanzen sprechen, über Gundermann, Beifuß oder Giersch, dann sprechen wir über Verwandtschaft! Nicht im Sinne vom Schwippschwager dritten Grades, sondern im ganz realen, tieferen, biologischen Sinn.

Alle Pflanzen haben sich über Millionen Jahre an dasselbe Leben angepasst wie wir. An Sonne, Schwerkraft, Kälte, Hitze, Bakterien, Viren, Verletzungen, Mangel oder Überfluss, Stress und Wandel. Deshalb haben sie Antworten entwickelt, lange bevor es Labore, Apotheken oder Kräuter-Hexpertinnen wie mich gab. Und weil sie Teil desselben Ökosystems sind wie wir, tragen sie etwas in sich, das uns versteht.

Dabei senden Pflanzen bekanntlich keine Worte, sondern Wirkstoffe. Ein stummes Vokabular sozusagen, bestehend aus sekundären Pflanzenstoffen, Bitterstoffen, ätherischen Ölen, Flavonoiden, Tanninen, Terpenen, Schleimen oder Alkaloiden. Und damit diskutieren sie nicht, sondern flüstern und wirken und erinnern. Und jede einzelne tut dies auf ihre ganz wunderbare Weise.

Hier zeige ich dir fünf grüne Persönlichkeiten mit leiser Haltung und lauter Wirkung:

## GÄNSEBLÜMCHEN, DIE ZARTE MUNTERMACHERIN

**Wirkstoffe:**
Flavonoide, Saponine, ätherische Öle
**Wirkung:**
entzündungshemmend, hautheilend, stoffwechselanregend

Das Gänseblümchen ist die stille Heldin auf deiner Wiese. Sie ist klein, unaufgeregt, aber mit erstaunlich hoher phytotherapeutischer Kompetenz. Sie wirkt auf der Haut und hilft dir, dich zu erneuern. Innerlich eingenommen, aktiviert sie den Stoffwechsel, hilft bei leichten Entzündungen und bleibt dabei sanft wie ein Kompliment. Und sie macht sich zudem wunderbar als selbstgeflochtener Armreif, sagt meine kleine Tochter.

## GUNDERMANN, DER KLEINE ZELLPUTZER MIT TIEFGANG

**Wirkstoffe:**
Gerbstoffe, Bitterstoffe, ätherische Öle
**Wirkung:**
schleimlösend, antibakteriell, lymphaktivierend

Gundermann kriecht am Boden, duckt sich fast weg und ist doch ein echter Reiniger. Er räumt in deinen Schleimhäuten auf, löst festsitzende Altlasten und bringt die Lymphe in Bewegung. Er ist wie eine Mischung aus Putzfrau und Detektiv, er findet stille Entzündungen und sagt dem Immunsystem ganz konkret: „Hier, schau mal. Kümmere dich da mal drum."

## ANDORN, DER BITTERLING MIT BISS

**Wirkstoffe:**
Bitterstoffe (Marrubiin), Gerbstoffe, ätherische Öle
**Wirkung:**
gallentreibend, schleimlösend, immunstimulierend

Andorn ist weiß Gott nicht charmant, aber konsequent. Denn er schmeckt bitter, so richtig bitter. Und genau das macht ihn so wirkungsvoll. Die Bedeutung der Bitterstoffe hast du weiter vorn ausgiebig studiert – hier kommt nun der knallharte Beweis. Andorn kurbelt die Galle an, aktiviert die Verdauungssäfte und bringt dein Immunsystem auf Trab wie der Lehrer auf Klassenfahrt, der morgens um kurz nach sechs Uhr schrecklich übermotiviert ins Zimmer brüllt und alle zum Frühsport ruft. Dieser Weg, den wir alle kennen: durchs Leid zur Lebenslust. Im Falle des Andorns also durch den Geschmack zur Kraft.

## WILDE MALVE, DIE TRÖSTERIN DER SCHLEIMHÄUTE

**Wirkstoffe:**
Schleimstoffe (Polysaccharide), Anthocyane
**Wirkung:**
reizlindernd, kühlend, regenerierend

Die Wilde Malve ist wie eine Umarmung für alles, was gereizt ist: Hals, Magen, Darm oder Gemüt. Sie wirkt über ihre Schleimstoffe wie eine Art pflanzliches Schutzpflaster, das sich sanft über die entzündeten Areale legt und dabei wie eine tröstende Mama am Krankenbett flüstert: „Du musst nicht stark sein, du darfst einfach nur heil werden. Ich bin bei dir."

**FICHTE, DIE WALDAPOTHEKERIN**

**Wirkstoffe:**
ätherische Öle, Harze
**Wirkung:**
durchblutungsfördernd, schleimlösend, desinfizierend

Die Fichte ist wie ein Waldspaziergang in Tropfenform. Und wer die frischen Spitzen des Maiwuchses schon mal mutig probiert hat und sie nicht, wie wir es zu Hause machen, zu Fichtensalz verarbeitet, dem klopfe ich aus der Ferne bewundernd auf die Schulter! Denn ihre ätherischen Öle sind der absolute Knaller, öffnen die Atemwege, klären den Kopf, aktivieren die Durchblutung und bringen frischen Wind ins Denken, ins Atmen und ins Sein. Eine meiner absoluten Lieblingspflanzen, weil sie mir recht unverhohlen klarmacht: Du bist Natur!

All diese Botschaften googelt man nicht, man fühlt sie. Denn Pflanzen sprechen nicht über Symptome, sie sprechen mit deinem System. Sie stoßen Prozesse an, wecken, was eingeschlafen ist, und nehmen deine Zellen wie ein routinierter Reiseleiter an die Hand. „Die Gruppe ‚Heilung durch Pflanzen' bitte hier entlang. Und nicht bummeln, wir haben viel vor heute!"

Genau das macht die Phytotherapie so besonders: Sie ist keine Einbahnstraße, sondern ein Dialog aus „Da müsste mal einer" und „Gibt's da nicht was dagegen" und „Ach, da wächst es ja".

## Die Natur spricht mit uns: Die Signaturen-Lehre

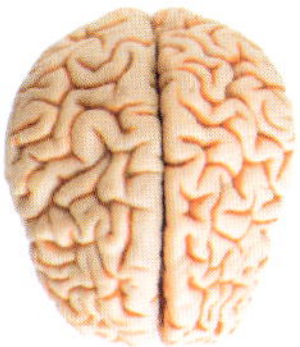

Als hätte Mutter Natur beim Erschaffen dagesessen und sich überlegt, was genau sie tun könnte, um der vergesslichen Spezies namens Mensch ein paar ganz simple, eindeutige und doch überraschende Hinweise zu geben, was wofür oder wogegen gewachsen sein könnte.

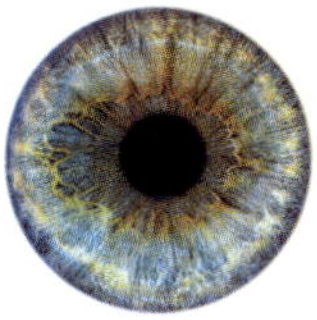

Und statt es an Höhlendecken zu malen oder irgendwo zu verstecken, hat sie es einfach in die Pflanzen selbst gelegt: in die Art ihrer Form, ihrer Farben, ihrer Oberflächen oder Strukturen. Die Signaturen-Lehre ist ein uraltes Konzept – halb Botanik, halb Bauchgefühl, irgendwo zwischen Mythos, Beobachtung und Zellbiologie –, aber immer basierend auf dem Gedanken: Was so aussieht wie ein Organ, könnte ihm vielleicht auch guttun.

Natürlich zieht die moderne Wissenschaft da gern auch mal die Augenbrauen hoch. Dennoch kommt man nicht drumherum zu bemerken, wie oft Form, Farbe und Funktion einer Pflanze erstaunlich gut zum Wirkungsbereich im Körper passen. Und all dies war offenbar auch Einladung genug, dass unsere Vorfahren sich hier herangetastet haben, ausprobiert haben, um mit Sicherheit auch Lehrgeld zu zahlen und Neues zu entdecken. Durch Zufall.

Oder eben einfach nur durch die sehr elegante Art der Natur, ihre Hausmittel mit einem Hinweisschild zu versehen, was es uns und vor allem Neulingen und Wiederentdeckern leicht macht, erfolgreich ins Thema „Heilende Natur“ einzusteigen.

Und weil es mir völlig egal ist, ob du dies als Zufälle deklarierst oder als gern genommene Eselsbrücken, stelle ich dir zwei Hände voll davon vor.

## Zehn Pflanzen und ihre sprechenden Signaturen:

| | |
|---|---|
| **Walnuss** | **Form:** wie ein kleines Gehirn, zwei Hälften, viele Windungen<br>**Wirkung:** nervenstärkend, reich an Omega-3, unterstützt Gehirnleistung und Konzentration |
| **Rotweinrebe** | (v. a. die Blätter)<br>**Farbe:** tiefrot wie Blut<br>**Wirkung:** stärkt Venen und Kapillaren, antioxidativ, durchblutungsfördernd |
| **Möhre** | **Form und Farbe:** orange wie die Netzhaut, länglich wie der Sehnerv<br>**Wirkung:** reich an Beta-Carotin, gut für Augen und Sehkraft |
| **Rosenblüte** | **Struktur:** zart, schützend, so vielschichtig wie die Emotionen<br>**Wirkung:** öffnet das Herz, wirkt harmonisierend, tröstend, hilft bei seelischer Unruhe |
| **Zwiebel** | **Form:** Schicht für Schicht bis zum Kern<br>**Wirkung:** antibakteriell, schleimlösend, dringt tief ein bei Erkältung, wie die Tränen beim Schälen |
| **Lungenkraut** | **Blattzeichnung:** weißlich gepunktet wie Lungengewebe<br>**Wirkung:** schleimlösend, entzündungshemmend bei Bronchitis und Husten |
| **Augentrost** | (*Euphrasia*)<br>**Name und Blüte:** die Blüte sieht aus wie ein kleines Auge<br>**Wirkung:** wirkt bei gereizten, tränenden Augen und ist in meiner eigenen Hausapotheke nicht mehr wegzudenken, weil es die Bindehautentzündungen meiner Tochter zuverlässig besiegt hat, jedes Mal! |
| **Eibischwurzel** | **Textur:** weich, schleimig, schützend<br>**Wirkung:** beruhigt gereizte Schleimhäute im Hals, im Magen, im Darm |

| | |
|---|---|
| **Kardamom** | **Form und Farbe:** kleine Kapsel, warmes Grün<br>**Wirkung:** wirkt auf den Solarplexus, erwärmt, beruhigt den Magen und das emotionale Zentrum |
| **Staudensellerie** | **Form:** Die stabförmige Struktur erinnert an Oberschenkel oder Schienbeine und gibt damit einen bildhaften Hinweis auf seine „Zielgruppe“.<br>**Wirkung:** enthält Kalzium, Silizium, Vitamin K und sekundäre Pflanzenstoffe mit essenziell knochenstärkender Wirkung, außerdem basenbildend und somit wichtig bei der Prävention von Osteoporose |
| **Traube** | **Form:** traubenförmig wie die Alveolen (Lungenbläschen), die Lungenstruktur passt verblüffend gut zur Wirkung auf das fein verästelte, blasenreiche Organ<br>**Wirkung:** reich an Resveratrol, Flavonoiden und OPC, antioxidativ und antientzündliche Effekte in der Lunge, zudem gefäßstärkend |

Zugegeben, manchmal sieht eine Pflanze einfach nur so aus, als hätte sie etwas zu sagen. Aber manchmal hat sie tatsächlich eine Nachricht an uns – biochemisch, physiologisch, funktional. Die Signaturen-Lehre lebt nicht davon, dass alles bewiesen sein muss. Sie lebt davon, dass wir wieder hinschauen, dass wir fragen, fühlen, kombinieren und spüren, welche Pflanze auf welcher Ebene zu uns spricht und ganz offenkundig helfen kann.

Ob das jetzt Wissenschaft, Aberglaube oder Poesie ist? Mir egal. Vielleicht ist es von allem etwas. Aber was sich bewährt hat, finde ich faszinierend genug, um es nicht skeptisch zu hinterfragen, sondern mutig auszuprobieren.

# Naturapotheke für ein langes Leben. Eine Einführung in Wirkstoffe

So, Schluss mit lustig. Freue dich jetzt auf einen Überblick über die wichtigsten Wirkstoffgruppen und ihre Bedeutung für deine Gesundheit, Regeneration und Langlebigkeit anhand ganz konkreter Wild- und Heilpflanzenbeispiele. Dass dies wichtig ist, sollte jeder spätestens dann verstanden haben, als das Kapitel über toxische Inhaltsstoffe ihm nicht nur Faszination, sondern auch leise Mahnung war.

Wer glaubt, Heilpflanzen seien bloß hübsch (was sie im Übrigen ausnahmslos sind) und irgendwie wohltuend, der hat vermutlich noch nie einen Wermuttee getrunken. Denn der schmeckt wie ein bitter-flüssiges „Um Himmels willen!". Aber eben eines, das dir hilft, dich wieder zu sortieren.

Tatsächlich sind Heilkräuter kleine Chemiewunder mit Wurzeln, die ihre Wirkstoffe bereits in sich tragen, seit wir noch barfuß mit Fell, Feuerstein und ohne Alphabet durch den Leipziger Auwald gehüpft sind.

Du kannst dir das so vorstellen: Während wir uns von einer Nahrungsergänzung zur nächsten schlucken, stehen draußen auf der Wiese Wildkräuter mit weit über 200 aktiven Substanzen in einem einzigen Blatt – und warten geduldig auf dich, deine Neugier und deine kleine Schere.

Denn jeder, der mich kennt, weiß: Pflanzen sind für mich nicht nur hübsches Beiwerk für Instagram-Smoothies – sie sind faszinierende, intelligente kleine Wirkstofflabore, die sich ganz ohne Hightech auf die Kunst der Selbsterhaltung, der Regeneration und der Weitergabe von Informationen spezialisiert haben. Genau deshalb sind sie für uns so wertvoll. Vor allem, wenn es um das Altern in Würde, Kraft und klarer Geistigkeit geht.

All das funktioniert nicht wegen Magie, so sehr es manchmal auch wirken mag und so sehr die Versachlichung dieser pflanzlichen Wunder auch ein klein wenig die Freude am kräuterigen Pflanzenwunder zu nehmen scheint. Aber es ist, wie es ist, und jede Pflanze hat fein abgestimmte Wirkstoffe, die sie wie ein kleines Familienrezept mit sich herumträgt. Diese Stoffe können Entzündungen und Schmerzen lindern, Schleimhäute beruhigen, Hormone ausbalancieren, das Immunsystem trainieren oder einfach nur das gute alte „Verdauen und Loslassen“ aktivieren, mein eingangs beschriebener Grundrhythmus von „rein in die Zelle, raus aus der Zelle“.

Doch jetzt wird es spannend: Diese Wirkstoffe sind nicht selten hochkomplex, richtige kleine botanische Doktorarbeiten in Biochemie. Aber so verpackt, dass dein Körper sie ganz selbstverständlich lesen und verstehen kann, ohne Wörterbuch oder Beipackzettel, aber mit jahrtausendealtem Wissen.

So, dann fangen wir also mal an zu lesen.

Nicht in Büchern, sondern in Blättern, Stängeln und Wurzeln. Wir beginnen unsere kleine Reise durch die Welt der pflanzlichen Wirkstoffgruppen, von Bitterstoffen zu Schleimstoffen, von ätherischen Ölen bis hin zu pflanzlichen Hormonen. Immer begleitet von Pflanzen, die du kennenlernen und lieben wirst. Oder zumindest respektvoll und ehrfürchtig bestaunen, wenn du zum Beispiel das erste Mal in eine Enzianwurzel beißt.

Also: Gieß dir einen Tee ein (am besten keinen aromatisierten Kirsche-Banane-Zimt-Mango-Entspannungszauber auf Zuckerrübenbasis, sondern etwas Echtes mit Wirkung) und komm mit auf eine gemeinsame Entdeckungsreise durch die wirkende Welt des Grünen.

Los geht's mit den Bitterstoffen!

# BITTERSTOFFE. BITTER IST DAS NEUE SÜß

Über die Bedeutung von Bitterstoffen hast du erste Impulse bereits im Kapitel rund um die Verdauung und Nährstoffverarbeitung erhalten. Hier schließe ich an und ergänze für dich das Wesentliche. Denn: Früher war bitter ganz normal. Heute muss man es fast suchen wie einen verlorenen Hausschlüssel. In unserer geschmacksgeglätteten Welt wurde Bitteres systematisch umschifft, weggezüchtet und verdrängt.

Salat war noch vor zwanzig bis dreißig Jahren durchaus bitter, heute schmeckt er oft süßlich und vor allem nach Wasser. Oder die Möhre als ein Wurzelgemüse – auch sie war einst voll von Bitterstoffen, heute ist sie ebenfalls beinahe eine Süßspeise. Dabei sind Bitterstoffe eben keine Geschmacksstoffe, sondern bieten eine phytologische Funktion.

Sie aktivieren die Verdauung, und zwar vom ersten Zungenschlag an. Sie senden die erwähnten Signale an Leber, Galle und Co.; und während der Mund noch kaut, weiß der Darm schon, was im Anmarsch ist.

Bitterstoffe helfen so ganz aktiv beim Entgiften, entlasten den Stoffwechsel, regulieren den Appetit und bringen die hormonelle Mitte wieder auf Spur. Kurzum, sie tun alles, was du brauchst, um gesund alt zu werden, und wollen dafür nicht mal Applaus.

### WIRKUNG IM KÖRPER

- verdauungsfördernd: Anregung von Speichel, Magensaft, Galle
- leberaktivierend: unterstützen die Entgiftung, Fettverdauung
- blutzuckerstabilisierend: senken Heißhunger auf Zucker
- appetitzügelnd oder -anregend (je nach Konstitution)
- hormonmodulierend: vor allem über die Darm-Leber-Achse

### KLEINE PFLANZENPORTRAITS

**Wermut**
(*Artemisia absinthium*)

Der Star der Bitterkeit. So bitter, dass ein einziger Tropfen genügt, um deine Leber aus dem Winterschlaf zu holen.
**Wirkstoffe**: Absinthin, Bitterstoffe, ätherisches Öl
**Anwendung:** Tee, Tinktur (sparsam!)
**Hinweis:** Nicht in der Schwangerschaft, nur in Minidosis verwenden

---

**Löwenzahn**
(*Taraxacum officinale*)

Zartgelb, aber knallhart in der Wirkung. Entlastet Leber, Niere und wirkt entwässernd.
**Wirkstoffe:** Taraxacin, Inulin, Kalium
**Anwendung:** Frisch als Salat, Tee aus Wurzel oder Blättern

---

**Schafgarbe**
(*Achillea millefolium*)

Milde Bitterkeit trifft auf sanfte Stärke. Besonders gut für hormonelle Balance und Krämpfe.
**Wirkstoffe:** Bitterstoffe, ätherische Öle, Flavonoide
**Anwendung:** Tee, Sitzbad, Bauchmassageöl

---

**Andorn**
(*Marrubium vulgare*)

Klingt wie ein Druidenname und wirkt auch so. Der Bitterbittere unter den Kräutern, aber wunderbar bei hartnäckiger Verdauungsträgheit.
**Wirkstoffe:** Marrubiin, Bitterstoffe
**Anwendung:** Tee oder Tinktur und ideal in Kombination mit milderen Kräutern

**Enzian**
*(Gentiana lutea)*

Tiefwurzelnd, tiefbitter. Der König unter den Magenkräutern.
**Wirkstoffe:** Gentiopikrin, Amarogentin
**Anwendung:** Tropfenweise in Tinkturform

## STELL DIR VOR:

Montagmorgen. Du sitzt vor deinem Chia-Pudding mit Mandelmilch (die im Übrigen nichts für Menschen ist, die zu Nierensteinen neigen, weil sie durch die Mandeln eine nicht zu unterschätzende Dosis an Oxalaten enthält – wie immer macht auch hier also die Dosis das Gift) und fragst dich, warum dein Bauch dennoch so aufgebläht ist wie ein Luftballon zum Kindergeburtstag.

Die Antwort ist recht simpel: Dein Körper hat noch gar keinen Befehl bekommen, mit der Arbeit zu beginnen. Ein halbes Glas warmes Wasser mit ein paar Tropfen Löwenzahntinktur oder einem Schuss selbstgemachtem Oxymel, ein bitterer Kräutertee oder ein kleines Blatt frische Schafgarbe im Smoothie – und zack, der Verdauungsmotor springt an.

Die Anwendungen im Alltag sind entsprechend vielfältig:

Entweder als Verdauungshilfe 10 Minuten vor dem Essen 5 bis 10 Tropfen Enzian- oder Löwenzahntinktur ins Wasser; als Frühlingskur 14 Tage lang morgens einen bitteren Tee; als Heißhungerbremse mit Sofortwirkung am besten Bitterstofftropfen direkt auf die Zunge, wenn der Süßhunger dich packt. Und zum Beispiel als ultimative Leberpflege und -unterstützung ein Schafgarben-Sitzbad und Leberwickel aus einem warmen Kräutertee.

Wenn dein Körper also das nächste Mal das Gesicht verzieht, sag ihm einfach „Danke". Denn Bitterstoffe sind wie gute Freundinnen. Sie sagen dir nicht, was du hören willst, sondern was du hören musst.

Und jetzt lass uns weitergehen zum nächsten Wirkstoff, den Flavonoiden. Das sind kleine Antioxidantien mit großem Zellschutzvermögen.

# FLAVONOIDE. ZELLSCHUTZ ZUM LÖFFELN

Flavonoide sind so etwas wie die geheimen Bodyguards in deinem Obstsalat. Super elegant, diskret und hochkompetent gehören sie zur großen Familie der sekundären Pflanzenstoffe und obwohl sie sich gern im Hintergrund halten, sind sie echte Helden. Rund um die Uhr machen sie freie Radikale unschädlich, dämpfen Entzündungen, schützen Blutgefäße, verlangsamen Alterungsprozesse und stärken ganz nebenbei dein Immunsystem und bringen deine Haut zum Strahlen.

Sie sind echte Antioxidantien mit Sozialkompetenz und kommen in quietschbunten Farben wie Gelb, Rot, Violett und Tiefblau daher. Kleine Faustregel: Wo es in der Natur bunt leuchtet, steckt meistens etwas drin, was dich länger jung hält.

## WIRKUNG IM KÖRPER

- antioxidativ: neutralisieren freie Radikale (Zellschützer!)
- entzündungshemmend: blockieren stille Entzündungsprozesse
- gefäßschützend: unterstützen das Herz-Kreislauf-System
- immunmodulierend: aktivieren/beruhigen Immunzellen
- kollagenfreundlich: gut für Bindegewebe und Haut

## KLEINE PFLANZENPORTRAITS

| | |
|---|---|
| **Holunder: Blüte & Beere**<br>(*Sambucus nigra*) | Sanft, aber mächtig. Holunderblüten kitzeln dein Immunsystem wach, die Beeren stärken es auf Zellbasis.<br>**Wirkstoffe:** Flavonoide (v. a. Anthocyane), ätherisches Öl<br>**Anwendung:** Tee, Sirup, Tinktur, Kompott |
| **Wildrose: Hagebutte**<br>(*Rosa canina*) | Die kleine Vitamin-C-Granate mit Anti-Aging-Allüren. Ein Klassiker für Gelenke, Haut, Abwehr.<br>**Wirkstoffe:** Flavonoide, Vitamin C, Carotinoide<br>**Anwendung:** Tee, Pulver, Mus, kalt gerührte Aufstriche |
| **Rotklee**<br>(*Trifolium pratense*) | Die zarte Helferin der Hormonbalance. Besänftigt Hitzewellen und stärkt die Gefäße.<br>**Wirkstoffe:** Isoflavone (Phytoöstrogene), Flavonoide<br>**Anwendung:** Tee, Tinktur, Frischpflanzensaft |
| **Weißdorn**<br>(*Crataegus monogyna*) | Der Herzkracher unter den Flavonoidlieferanten. Kräftigt Herzmuskulatur und Gefäße.<br>**Wirkstoffe:** Flavonoide, Procyanidine<br>**Anwendung:** Tee, Tinktur, Kombi mit Herzgespann |
| **Vogelknöterich**<br>(*Polygonum aviculare*) | Ein bescheidener Alleskönner. Gut bei Blasenproblemen und leichten Herz-Kreislauf-Schwächen.<br>**Wirkstoffe:** Flavonoide, Kieselsäure<br>**Anwendung:** Tee, Frischsaft, Kräutermischungen |

**STELL DIR VOR:**

Mittwochmorgen, grauer Himmel, noch grauere Gedanken. Du denkst nicht im Traum daran, dass dir genau jetzt eine Überdosis Farbe helfen könnte. Und zwar nicht auf den Lippen, sondern in deinen Zellkernen. Dann mach diesen Mittwoch zum „Flavo-Day“ und schmunzle dabei, weil du es großartig findest, wie man einen Flavonoid-Tag sprachlich gleich viel cooler erscheinen lassen kann, wenn man ihn ausspricht wie ein Teenie.

Nimm einen Löffel Hagebuttenpulver – gesammelt im Herbst, getrocknet und gerieben im Winter, wenn es draußen stürmt und du dich schon auf graue Mittwochmorgen freust –, streue das Pulver in einen Joghurt, dazu einen Schluck Holunderbeerensaft und dein Körper wird es dir danken.

Wenn du's ganz wild willst, brüh dir einen Tee aus Weißdorn (außer du bist schwanger oder nimmst Medikamente gegen Bluthochdruck) und Rotklee am Nachmittag. Wächst ebenfalls nahezu überall, macht Spaß beim Pflücken und Sammeln und schenkt dir ein flavonoides Lächeln beim Genießen.

Generell sind die Anwendungen im Alltag auch hier überschaubar komplex bei deutlich spürbaren Effekten. Als Frühjahrskur kannst du beispielsweise 1 bis 2 Tassen Holunderblüten- oder Hagebuttentee trinken. Probiere es 14 Tage aus und schau, was mit dir passiert. Weißdorn-Tinkturen stärken die Kontraktionskraft deines Herzens und schützen den Herzmuskel vor Sauerstoffmangel. Im Rotklee-Tee für Frauen in der Wandlungszeit bringen Flavonoide die nötige Hormonharmonie – und das besagte Hagebuttenpulver im Müsli oder im Joghurt schenkt dir Zellschutz to go.

Flavonoide sind in dem Sinne also keine Feuerwehr; sie sind eher aktiver Brandschutz, der große Feuer nicht löscht, aber verhindert, dass sie ausbrechen. Und vielleicht sind sie genau deshalb die unterschätzten Heldinnen der Longevity-Bewegung.

Also, Farbe auf Tellern und in Tassen bringt Farbe ins Leben. Und gleich weiter zu den nächsten stillen Stars, den Schleimstoffen. Aus Pflanzen, die heilen, indem sie berühren!

# SCHLEIMSTOFFE. DIE STILLE UMARMUNG VON INNEN

Heilung muss nicht laut sein, manchmal ist sie besonders weich. Schleimstoffe sind die große, stille Kraft unter den pflanzlichen Wirkstoffen. Kein Feuerwerk, kein „mentholiger“ Überraschungseffekt, kein Wow und Oho, stattdessen das genaue Gegenteil. Nämlich Schutz, Befeuchtung, Beruhigung.

Sie wirken nicht, weil sie etwas tun, sondern weil sie sich anlegen, dich auskleiden und einhüllen wie eine Decke über entzündetes Gewebe. Der weltweit erste Schal, den man im Hals trägt und nicht um ihn herum – eine Art Pflaster für aufgeriebene Schleimhäute. Ihr Zauber liegt nicht im Angriff, sondern in der verteidigenden Präsenz.

Gerade in Zeiten von Reizüberflutungen, stillen Entzündungen, Übersäuerung und Stressüberspannungen (herzliche Grüße an meinen Mann!) sind Pflanzen mit Schleimstoffen wie pflanzliche Achtsamkeitstees für den Körper.

### WIRKUNG IM KÖRPER

- reizlindernd: beruhigen Schleimhäute (Hals, Magen, Darm)
- entzündungshemmend: indirekt über Schutzfilm und Milieuregulierung
- abschwellend und kühlend: z. B. bei trockenem Reizhusten
- schützend: belegen empfindliches Gewebe, fördern Heilung
- basisch und regenerierend: ideal bei Übersäuerung und Schleimhautstress

### KLEINE PFLANZENPORTRAITS

**Eibisch**
(*Althaea officinalis*)

Der König der Schleimstoffe. Wurzel und Blatt sind voll davon, wie ein pflanzliches Kissen für Hals und Magen.
**Wirkstoffe:** Schleimstoffe (Polysaccharide), Flavonoide
**Anwendung:** Kaltauszug oder milder Tee

**Wilde Malve**
(*Malva sylvestris*)

Zart und gleichzeitig wunderbar regenerierend.
Ideal bei trockenem Husten oder Magenreizungen.
**Wirkstoffe:** Schleimstoffe, Anthocyane
**Anwendung:** Tee, Kaltauszug, Kompressen

**Huflattich**
(*Tussilago farfara*)

Ein Klassiker bei Husten und gereizten Atemwegen.
**Wirkstoffe:** Schleimstoffe, geringe Mengen Pyrrolizidinalkaloide, deshalb nur **kurzzeitig verwenden!**
**Anwendung:** Tee, Hustentees, Inhalationen

| | |
|---|---|
| **Spitzwegerich** (*Plantago lanceolata*) | Der Straßenrand-Sanitäter. Wächst überall, hilft bei allem, was brennt und kratzt.<br>**Wirkstoffe:** Schleimstoffe, Aucubin, Kieselsäure<br>**Anwendung:** Frischsaft, Tee, Umschläge |
| **Königskerze** (*Verbascum thapsus*) | Die sanfte Lungenpflanze, ideal bei trockenem, bellendem Husten.<br>**Wirkstoffe:** Schleimstoffe, Saponine, ätherisches Öl<br>**Anwendung:** Tee (fein abgesiebt!), Hustentee-Mischung |

**STELL DIR VOR:**

Freitagabend, die Stimme ist kratzig, der Bauch gereizt, du fühlst dich „durch", irgendwie fest und leer zugleich. Statt Salbeibonbons und Serienmarathon braucht dein Körper jetzt etwas, das ihn stillhält, schützt, wärmt und ihn sowie deine Schleimhäute von innen befeuchtet. Ein Kaltauszug aus Eibischwurzel steht schon bereit. Du nimmst einen Schluck und hörst deinen Hals dankbar flüstern. Kein Reiz, kein Widerstand, einfach nur weiche Heilung.

Auch hier sind die Anwendungen im Alltag recht simpel und wirkungsvoll. Für besagten Kaltauszug für Hals und Magen lässt du 1 EL Eibischwurzel in kaltem Wasser für 6–8 Stunden ziehen, dann abseihen und schluckweise trinken. Für Malventee bei Reizhusten 2 TL getrocknete Blüten mit heißem Wasser übergießen und ca. 10 Minuten ziehen lassen. Der Spitzwegerich-Frischsaft hat uns schon bei den Brennnesseln geholfen. Nun leistet dieses Multitalent auch ganze Arbeit durch seine Schleimstoffe und die reizlindernde und schützende Wirkung bei gereizten Atemwegen (Husten, Heiserkeit) sowie durch seine entzündungshemmenden Iridoiden bei entzündlichen Schleimhäuten und kleineren äußeren Hautverletzungen.

Oder schließlich auch der Wickel mit Huflattich, der bei Bronchitis oder Halsentzündung warm aufgelegt werden kann.

Womit der Beweis angetreten ist, dass nicht alles wehtun muss, was wirkt. Schleimstoffe beweisen: Sanfte Pflanzen sind keine schwachen Pflanzen. Sie heilen und lindern dort, wo andere viel zu laut wären. Und sie erinnern dich daran, dass Heilung oft im Schutz liegt und nicht im Kampf. Also trink langsam. Dann spürst du, wie dich manche Pflanzen nicht pushen, sondern sorgsam tragen.

Nächster Halt: Ätherische Öle. Die Duft-Virtuosen, die weit mehr können als nur gut riechen. Bist du bereit?

# ÄTHERISCHE ÖLE. DUFTGEWORDENE PFLANZENINTELLIGENZ

Sie sind so etwas wie die Aromatherapie der Evolution. Sie sind da, bevor man sie sieht, und sie reparieren manchmal ein Nervensystem, noch bevor du überhaupt weißt, dass es aus dem Gleichgewicht war. Sie sind keine flüchtige Nebensache, sondern die konzentrierte Essenz pflanzlicher Schutzmechanismen, hochkomplexe Kommunikationsstrategien und pure Heilkunst. Denn in der Natur geschieht nichts aus Zufall, und somit hat auch jeder Duft immer einen Zweck.

Sie wehren Schädlinge ab, stoppen beispielsweise Pilze oder Fressfeinde, locken evolutionär unersetzliche Bestäuber an, heilen eigene Wunden und kommunizieren mit anderen Pflanzen.

Glaubst du nicht? Wir alle haben in irgendeiner Tierdoku doch schon von afrikanischen Akazien gehört, die Duftstoffe nutzen, um sich gegenseitig vor Fressfeinden zu warnen. Sobald eine Akazie von der langen Zunge einer Giraffe auch nur berührt und ein Zweig gebrochen wird, setzt sie das Gas Ethylen frei, das dann als Warnsignal für andere Akazien in Windrichtung dient – diese wiederum reagieren prompt und reichern ihre Blätter mit Gerbstoffen an, was sie ungenießbar oder zumindest weniger schmackhaft werden lässt.

Was bei Pflanzen Kommunikation ist, bezeichnen wir oft als Regulation: Ätherische Öle wirken auf Nerven, Immunsystem, Schleimhäute, Atemwege und sogar auf die sogenannte Hormonachse. Sie sind dabei durchdringend schnell, sehr vielfältig in der Wirkung und erstaunlich individuell. Und ja, sie duften! Manche sogar himmlisch und lecker. Aber nicht für ein besseres Raumgefühl, sondern für deine Zellen.

### WIRKUNG IM KÖRPER

- antimikrobiell: gegen Bakterien, Pilze, Viren
- sekretolytisch: lösen Schleim in den Atemwegen
- immunmodulierend: stimulierend oder beruhigend
- nerval ausgleichend: beruhigend, anregend, zentrierend
- hormonell regulierend: wirken über das limbische System
- entzündungshemmend: lokal und systemisch

### KLEINE PFLANZENPORTRAITS

| | |
|---|---|
| **Thymian**<br>(*Thymus vulgaris*) | Der Atemwegsschützer. Klein, unscheinbar, aber mit einem Öl, das Bakterien das Fürchten lehrt.<br>**Wirkstoffe:** Thymol, Carvacrol<br>**Anwendung:** Tee, Dampfbad, äußerlich als Öl verdünnt<br>**Achtung:** Hochpotent – vorsichtige Dosierung nötig |
| **Lavendel**<br>(*Lavandula angustifolia*) | Der Pflanzenpsychiater. Wirkt auf Haut, Nerven und Schlaf und riecht nach Urlaub in der Provence.<br>**Wirkstoffe:** Linalool, Linalylacetat<br>**Anwendung:** ätherisches Öl für Inhalation, Massage, Bad; Tee |
| **Pfefferminze**<br>(*Mentha × piperita*) | Die Mentholrakete. Kühlt, klärt, öffnet den Kopf und macht müde Gedanken munter.<br>**Wirkstoffe:** Menthol, Menthon<br>**Anwendung:** Öl für Stirn, Schläfen, Inhalation; Tee bei Magenproblemen<br>**Achtung:** Nicht für Kleinkinder oder direkt in die Augen |

| | |
|---|---|
| **Salbei**<br>(*Salvia officinalis*) | Die Schweißbremse und Stimmretterin.<br>**Wirkstoffe:** Thujon, Cineol<br>**Anwendung:** Gurgellösung, Tee, verdünntes Öl äußerlich<br>**Hinweis:** In hoher Dosierung nicht in der Schwangerschaft nutzen |
| **Rosmarin**<br>(*Rosmarinus officinalis*) | Der Kreislauf-Trainer. Wärmt, aktiviert, stärkt.<br>**Wirkstoffe:** Cineol, Kampfer, Borneol<br>**Anwendung:** Badezusatz, Einreibung, Duftlampe – macht müde Muskeln munter |

## STELL DIR VOR:

Dienstag, 14:30 Uhr, dein Kopf dröhnt, die Konzentration ist weg, die Kollegen leider noch nicht, die Motivation aber schon im Feierabend. Du holst ein kleines Fläschchen selbstgemachtes Lavendelöl aus deiner Tasche, gibst einen Tropfen davon auf dein Handgelenk, atmest ein und spürst, wie etwas in dir nach Hause findet.

Oder du reibst dir Rosmarinöl (unbedingt verdünnt!) in den Nacken. Auch hier spürst du, wie dein Kreislauf plötzlich wieder mitmacht, ohne den sechsten Kaffee des Tages, ohne Motivations-App. Einfach, subtil und direkt.

Und genauso einfach und direkt sind nahezu sämtliche Anwendungsmöglichkeiten für ätherische Öle im Alltag. Als Inhalation bei Erkältung, so wie es Großmutter schon für dich zubereitet hat: 1 Tropfen Thymianöl und 1 Tropfen Pfefferminzöl in heißes Wasser, tief einatmen, fertig. Oder die berühmten 2 Tropfen Lavendelöl auf dem Kissenrand oder als Fußmassage für beruhigenden Schlaf. Der Konzentrationskick für schnelles Wachsein mit Pfefferminzöl auf die Schläfen oder unter die Nase – auch hier beides wieder unbedingt verdünnt. Und natürlich mein absoluter Liebling unter den ätherischen Ölen: die Zirbe. Zirbenöl hat eine in vielen Teilen noch unerforschte Wirkung auf uns Menschen. Nachgewiesen ist bereits aber, dass der Duft von Zirbenöl, also Harzen, unseren Puls messbar herunterfährt und auch im Kopf allerlei Beruhigung erzeugt.

Ganz wichtig generell: Ätherisch heißt nicht gleich harmlos!

Diese Öle sind konzentrierte Pflanzenmedizin, hochwirksam, stark und intensiv. Also bitte immer gut verdünnen, niemals pur anwenden (außer bei ausgewählten Ausnahmen wie Lavendel) und einfach grundsätzlich immer mit Respekt begegnen. Denn wie bei jeder Beziehung gilt auch hier: Wenn es duften soll, muss es gut dosiert sein.

# GERBSTOFFE. PFLANZLICHE TÜRSTEHER MIT SAMTHANDSCHUHEN

Gerbstoffe sind die Konfliktmanager der Pflanzenwelt, heißt, sie mischen sich nicht überall ein, aber wenn es zu unruhig, zu gereizt oder überflutet wird, greifen sie ein und ziehen mal wieder die Schleimhäute straff. Im menschlichen Körper wirken sie demnach adstringierend, also zusammenziehend.

Das bedeutet: Sie verdichten Gewebe, beruhigen, „machen dicht", wo es zu viel wird. Und das ist manchmal genau das, was dein Körper braucht. Bei wundem Zahnfleisch zum Beispiel oder bei zu unruhigem und zu durchlässigem Darm, indem sie die Darmschleimhaut „gerben" und so ihre Struktur verdichten. Dadurch wiederum gelangen weniger Erreger oder Toxine in die Blutbahn, der Darm heilt, Entzündungen gehen zurück. Und wie es sich für routinierte Türsteher gehört, tun sie das ohne viel Aufsehen, mit klarem Blick und ohne unnötige Härte.

## WIRKUNG IM KÖRPER

- Adstringierend: ziehen Gewebe zusammen, fördern Wundheilung
- Entzündungshemmend: Schleimhäute und Haut werden beruhigt
- Antimikrobiell: hemmen Bakterien und Viren
- Stoppend: bei Durchfall, nässenden Ekzemen, Schleimhautreizungen
- Regenerierend: helfen der Haut, sich zu schließen und zu reparieren

## KLEINE PFLANZENPORTRAITS

**Blutwurz**
(*Potentilla erecta*)

Der rustikale Fels in der Brandung. Wenn nichts mehr geht – Blutwurz geht.
**Wirkstoffe:** Catechingerbstoffe
**Anwendung:** Tinktur bei Durchfall, Gurgellösung, äußerlich bei Wunden
**Hinweis:** Starker Geschmack, aber sehr wirksam

| | |
|---|---|
| **Eichenrinde**<br>(*Quercus robur*) | Der Klassiker unter den Gerbstoffpflanzen. Kräftig, erdend, zuverlässig.<br>**Wirkstoffe:** Gallotannine, Ellagitannine<br>**Anwendung:** Sitzbäder, Umschläge, Gurgeln, Tee bei Durchfall |
| **Frauenmantel**<br>(*Alchemilla vulgaris*) | Sanfte Balance für Frauen. Mild adstringierend und regulierend – für Zyklus, Haut, Unterleib.<br>**Wirkstoffe:** Gerbstoffe, Flavonoide<br>**Anwendung:** Tee, Sitzbad, Dampfbad |
| **Brombeerblatt**<br>(*Rubus fruticosus*) | Nicht nur lecker, sondern auch heilkräftig. Macht den Hals trocken, wenn er's braucht.<br>**Wirkstoffe:** Gerbstoffe, Flavonoide<br>**Anwendung:** Tee bei Halsentzündungen oder Durchfall |
| **Waldmeister**<br>(*Galium odoratum*) | Charmant duftend, aber mit Rückgrat.<br>**Wirkstoffe:** Kumarin (nur getrocknet), Gerbstoffe<br>**Anwendung:** Tee in Maßen, Beruhigung von Nerven und Schleimhäuten<br>**Hinweis:** Nicht dauerhaft und nicht in der Schwangerschaft einnehmen |

Aber auch Heidelbeeren, grüner und schwarzer Tee sowie Früchte wie Äpfel, Bananen, Birnen oder Pflaumen enthalten viele Gerbstoffe. Geht es dir maßgeblich um den Darm, solltest du bei anhaltenden oder starken Beschwerden dennoch einen Arzt zu Rate ziehen. Bekanntlich sitzt dort deine Immunregierung, und ein Feuer in der Kommandozentrale sollte rasch und konsequent gelöscht werden.

**STELL DIR VOR:**

Sonntag. Du wachst auf, Hals rau, Schleimhaut beleidigt, Darm etwas eigenwillig, Stimmung schon am Morgen im Eimer. Was du nun brauchst, ist kein Yoga, sondern eine pflanzliche Grenze. Denn manchmal ist ein energisches „STOPP!" die beste Medizin. Zum Beispiel in Form eines starken Tees aus Brombeerblättern und Blutwurz – und plötzlich bekommt dein Körper wieder innere Struktur. Keine Reizung mehr, kein Schlappmachen, sondern ein innerer Kurzschluss mit erhobenem Zeigefinger, der zu Ruhe und Heilung mahnt.

Wenn es an die Schleimhäute gehen soll, dann muss man dort auch direkt ran bzw. rein bei der Anwendung im Alltag: Die klassische Gurgellösung beispielsweise bei Halsentzündung aus 1 TL Eichenrinde mit heißem Wasser 10 Minuten ziehen lassen und dann lauwarm gurgeln. Gleiches geht auch auf der gegenüberliegenden Seite deines Körpers, gleichwohl du dort nicht gurgeln kannst (und falls doch, solltest du das besser niemandem verraten). Denn ein 15-minütiges, lauwarmes Sitzbad mit Frauenmantel und Eichenrinde wirkt Wunder bei Hautproblemen, Afterbeschwerden oder Ekzemen. Nicht sofort, aber langfristig.

Diese Wirkung erzielst du auch im Gesicht, zum Beispiel bei fettiger Haut mit einem Dampfbad aus Waldmeister und Kamille oder einer Tinktur aus Blutwurz bei kleinen äußerlichen Wunden, Rissen, Entzündungen oder Insektenstichen.

Gerbstoffe sind insgesamt also ein sehr wichtiger, wertvoller Wirkstoff aus der Naturapotheke. Sie helfen dem Körper, sich zu schließen und zu regenerieren – innen wie außen. Vielleicht probierst du heute einfach gleich einmal eine Tasse Eichenrinde statt des täglichen Smoothies. Dieser ist schlimmstenfalls sowieso eine zu heftige Herausforderung für deinen Blutzuckerspiegel und kein wirklich gutes Fundament für den Tag.

Apropos Fundament:

# MINERALIEN & SPURENELEMENTE. DAS STILLE FUNDAMENT

Sie steuern elektrische Signale, zünden Enzyme, bauen Knochen und tun all das, ohne sich jemals in den Vordergrund zu drängen. Pflanzen tragen sie in sich und wir brauchen sie. Jeden Tag, in kleinsten Mengen, aber mit größter Wirkung. Und wir brauchen sie regelmäßig!

Wenn man über Gesundheit spricht, reden viele zunächst einmal von Vitaminen. Vitamin C hier, Vitamin D dort, und die Mineralien kommen viel zu kurz.

Die stehen wie solide Bauarbeiter im Hintergrund, machen die eigentliche Arbeit und bekommen nie wirklich Applaus. Dabei wären ohne sie weder unsere Hormone noch unsere Energie, geschweige denn unsere Zellfunktionen, in Gang.

Ohne Magnesium zucken die Muskeln oder gern mal dein Augenlid.

Ohne Zink wird deine Haut dünnhäutig und dein Immunsystem beginnt massiv zu hinken.

Ohne Eisen fehlt der Atem, weil Eisen Bestandteil deiner roten Blutkörperchen und somit für den Sauerstofftransport von der Lunge zum Gewebe hin essenziell ist.

Und ohne Silizium fehlt das Strahlen, weil dieses Spurenelement eine sehr wichtige Rolle spielt für dein Bindegewebe, deine Haut, Haare oder Nägel und am Aufbau von Kollagen und Elastin beteiligt ist – bekanntlich beides essenziell für die Elastizität und Festigkeit dieser Strukturen.

Die gute Nachricht: Wildpflanzen und Heilkräuter strotzen nur so vor Mineralien und Spurenelementen.

Warum?

Weil sie mit den Füßen in echter Erde stehen und nicht in Hydrokultur oder Plastiktopf. Weil sie Wetter, Wind, Sonne und Frost kennen, genau wie du.

Weil sie das Leben gespeichert haben und die Kraft der Erde, aus der sie erwachsen. Seit hunderten Millionen Jahren. Und dabei all das aufnehmen und weitergeben können, was wir so dringend brauchen – weil wir den gleichen irdischen Ursprung haben.

## WIRKUNG IM KÖRPER

- Baustoffe für Knochen, Haut, Haare, Nägel, Bindegewebe
- Cofaktoren für Enzyme; ohne sie läuft kein Zellstoffwechsel
- Stabilisierung von Immunsystem und Nervenfunktion
- Säure-Basen-Ausgleich und Detox
- Förderung von Regeneration, Energiegewinnung und hormoneller Balance

## KLEINE PFLANZENPORTRAITS

**Brennnessel**
(*Urtica dioica*)

Die Mineralien-Königin schlechthin: Eisen, Magnesium, Kalzium, Silizium – alles drin und alles sofort bioverfügbar.
**Wirkstoffe:** Kieselsäure, Kalium, Kalzium, Eisen, Chlorophyll
**Anwendung:** Tee, Frischsaft, Wildkräuterspinat, Smoothie

---

**Gänseblümchen**
(*Bellis perennis*)

Zart und stark zugleich, enthält Magnesium, Kalzium, Eisen und ist ideal für Haut und Narbenpflege.
**Wirkstoffe:** Saponine, Mineralstoffe, Flavonoide
**Anwendung:** Tee, Tinktur, Salbe, im Wildkräutersalat

---

**Ackerschachtelhalm**
(*Equisetum arvense*)

Der Kieselsäure-König, stärkt Bindegewebe, Nägel und Knochen.
**Wirkstoffe:** Silizium (als Kieselsäure), Flavonoide
**Anwendung:** Tee (lange gekocht), Umschläge, Sitzbäder

---

**Löwenzahn**
(*Taraxacum officinale*)

Nicht nur bitter, sondern auch mineralisch vollgepackt und super für Leber und Elektrolythaushalt.
**Wirkstoffe:** Kalium, Eisen, Bitterstoffe
**Anwendung:** Tee, Frischsaft, Salat

---

**Spitzwegerich**
(*Plantago lanceolata*)

Nach den Schleimstoffen auch hier noch einmal auf der Bühne, diesmal für seine **Kieselsäure und Mineralstoffe**, toll bei Haut und Schleimhautregeneration.
**Wirkstoffe:** Silizium, Kalzium, Aucubin
**Anwendung:** Frischsaft, Tee, Salbe

---

**STELL DIR VOR:**

Donnerstagmorgen. Du starrst auf eine Frühstücksbrei-Verpackung aus der Drogerie, auf der *Bio, Raw, Vegan* steht, aber dein Körper ruft eigentlich nach etwas Echtem. Du greifst raus auf den Balkon, die Terrasse oder dein Kräuterbeet, pflückst Brennnesselspitzen und verteilst sie mit einem Apfel darüber. Was du bekommst? Kein Placebo und keine Heuchelei, sondern eine echte Infusion von Mineralien, direkt aus dem Leben.

Entsprechend vielfältig sind die Anwendungen im Alltag: Da wäre beispielsweise ein Mineralien-Boost-Tee aus Brennnessel, Ackerschachtelhalm und Gänseblümchen, zweimal täglich über 3 Wochen mit verheerend positiver Wirkung. Zwei Hände voll getrockneter Brennnessel und Schachtelhalme aufgekocht ins Badewasser sind ein wunderbarer Hautschmeichler. Gleiches gilt für einen Gänseblümchen-Ölauszug als Hautkur zur Narben- und Bindegewebspflege.

Achtung bei Ackerschachtelhalm übrigens, der beispielsweise auch als reiner Tee (20 Minuten gekocht) als sogenannter „Knochensaft“ bezeichnet wird. Aber: Die dort enthaltene Menge der Mineralien ist nur etwas für stabile Nieren. Wer zu Nierensteinen neigt, sollte hier vorsichtig sein.

Und schließlich auch mit Kräutersalz, eine meiner Lieblingsdarreichungen von Mineralien, lässt sich eine Menge erreichen, beispielsweise aus getrockneten und gemahlenen Löwenzahn- und Brennnesselsamen, die man mit Steinsalz mischt.

Nach diesen noch etwas gröberen Helfern im bedürftigen Körper tauchen wir nun ein in das Reich der hormonellen Feintuner und adaptiven Pflanzen-Grazien. Denn wenn es drinnen zu viel, zu wenig oder einfach zu schwankend ist, haben diese Pflanzen jede Menge Antworten. Keine besonders lauten, aber dafür umso wirksamere. Sie dopen nicht, sie drücken nichts runter (was Schmerzmittel beispielsweise tun), sie balancieren wie eine alte Kräuterfrau auf einem gespannten Seil aus Östrogen, Cortisol und einem „Lass los, ich fang dich auf“.

# PFLANZENHORMONE & ADAPTOGENE. WENN DIE NATUR FEINE ANTENNEN AUSFÄHRT

Dass Hormone die Regisseure deines Lebensfilmes sind, haben wir ein paar Kapitel vorher schon erkannt. Dabei sind diese meist unterschätzt, überfordert und unterbezahlt. Und dann kommen da diese Pflanzen, die aber nicht sagen: „Geh aus dem Weg, ich mach' das für dich!", sondern ein freundliches „Komm, ich helf' dir, dich wieder selbst zu regulieren" anbieten.

Genau das sind und machen Adaptogene und Phytohormone nämlich. Sie wirken wie pflanzliche Coaches, hören zu, schauen hin, erkennen, ob und wovon du gerade zu wenig oder zu viel hast, und wirken dann passgenau ausgleichend. Sie machen dich resilienter gegen Stress, puffern körpereigene Hormonsprünge ab (beispielsweise bei Cortisolüberschuss), stabilisieren deinen Blutzucker und schenken dir Energie, ohne wirklich zu pushen. Wie alte, weise Freundinnen mit heilenden Händen, kompetenter Gelassenheit und festem Wurzelwerk.

## WIRKUNG IM KÖRPER:

- Hormonell regulierend durch Phytoöstrogene oder sogenannte Modulation der Hormonachsen
- Stressresilienz erhöhend, also anpassungsfördernd
- Immunsystem moduliert sich selbst deutlich besser
- Stärkt die Nebenniere, unsere lebenswichtige Hormondrüse für eine Vielzahl unerlässlicher Körperfunktionen (Blutdruckregulation, Salz- und Wasserhaushalt, Stressresilienz u. v. m.), und beruhigt die HPA-Achse (Hypothalamus-Hypophyse-Nebennierenrinde) und beeinflusst unter anderem Stoffwechsel, Immunsystem, Stimmung und Verhalten
- Fördert damit Schlaf, Libido, Energie, Fruchtbarkeit oder Zyklusbalance, je nach Pflanze und Menschenkonstitution

## KLEINE PFLANZENPORTRAITS

**Mönchspfeffer**
(*Vitex agnus-castus*)

Eine echte Zyklusflüsterin und PMS-Versteherin.
**Wirkstoffe:** Iridoidglykoside, Flavonoide, dopaminerge Wirkung
**Anwendung:** Tinktur, Kapseln (kontinuierlich über Monate)
**Besonders bei:** Zyklusunregelmäßigkeiten, PMS, Progesteronmangel

---

**Ashwagandha**
(*Withania somnifera*)

Der Ayurveda-Yogi unter den Adaptogenen wirkt bei Dauerstress wie ein pflanzlicher Ausgleichsakku.
**Wirkstoffe:** Withanolide
**Anwendung:** Pulver, Kapseln, Tee (abends!)
**Besonders bei:** Schlafproblemen, Erschöpfung, Nebennierenschwäche

---

**Rotklee**
(*Trifolium pratense*)

Die Lady unter den Kräutern liefert Phytoöstrogene in Balance.
**Wirkstoffe:** Isoflavone, Flavonoide
**Anwendung:** Tee, Tinktur, Frischsaft
**Besonders bei:** Wechseljahrsbeschwerden, Haut- und Gefäßalterung

---

**Taigawurzel**
(*Eleutherococcus senticosus*)

Der sibirische Ginseng für Menschen, die viel geben, aber nicht genug auftanken.
**Wirkstoffe:** Eleutheroside
**Anwendung:** Tinktur, Kapseln, Tee (morgens!)
**Besonders bei:** Stress, geistiger Erschöpfung, Infektanfälligkeit

---

| | |
|---|---|
| **Salbei**<br>(*Salvia officinalis*) | Nicht nur schweißdrosselnd, sondern auch hormonmodulierend – ideal bei hormonell bedingtem Chaos.<br>**Wirkstoffe:** Thujon, Rosmarinsäure, Phytoöstrogene<br>**Anwendung:** Tee, Tinktur, kulinarisch<br>**Besonders bei:** Wechseljahrsbeschwerden, Hitzewallungen |

## STELL DIR VOR:

Mittwoch, 16 Uhr, dein Energielevel irgendwo zwischen „Ich brauche dringend Schlaf“ und „Ich könnte einfach nur heulen“. Hinter dir liegen drei Zoom-Calls, zwei Kinder und ein verspäteter Eisprung. Dann erinnerst du dich: Ashwagandha wartet in deiner Teedose. Und plötzlich atmest du wieder. Nicht, weil alles gut ist, sondern weil du wieder deine Mitte sehen kannst und auf sie zuzusteuern wieder möglich erscheint.

Weil alles Hormonelle uns ganz tief berührt, ist bei der Anwendung im Alltag hier oft der viel bemühte Weg Teil des Zieles. Wenn es um Stress und Regulation geht, kann die Darreichung dies nicht torpedieren, sondern ist bereits Teil des inneren Einschwingens.

Die Mönchspfefferkur beispielsweise braucht eine tägliche Trinkkur morgens und mindestens 3 bis 6 Monate Zeit, um zu wirken. Der Anti-Stress-Abendtee aus Ashwagandha, Lavendel und Melisse wirkt hingegen direkt, unvermittelt beruhigend sowie regenerierend. Dass ein Wechseljahr-Wohlfühltee aus Rotklee, Salbei und Schafgarbe mit täglich 1 bis 2 Tassen ebenfalls kein Sprint ist, versteht sich von selbst. Begleitend und unterstützend hilft die berühmte Taigawurzel morgens als Tinktur der mentalen Belastbarkeit. 3 Wochen lang am Morgen, dann 1 Woche Pause. Viel direkter und unvermittelter wirkt wiederum ein kalt getrunkener Salbeitee gegen Schwitzen und für eine wohlwollende Wärmeregulation.

Alle diese Adaptogene und phytohormonell wirkenden Kräuter sind nicht laut, sie sind leise und weise. Sie arbeiten mit deinem System. Du brauchst nur ein wenig Geduld, Eigenwahrnehmung, etwas Beobachtung und viel Vertrauen, denn sie wirken tief und nur selten sofort. Aber wenn sie wirken, dann wurzelt dein Gleichgewicht wieder in dir selbst – und das ist doch die schönste Form von Heilung, oder?

# CHLOROPHYLL. DAS FLÜSSIGE LICHT IM BLATT

Jetzt wird es grün, aber so richtig grün. Chlorophyll ist der Farbstoff des Lebens, der grüne Atem der Natur. Und wenn man genau hinsieht, erkennt man: Er ist nichts weniger als photosynthetisch gebündeltes Licht der Sonne.

Chlorophyll ist nicht einfach nur das, was deinen Weizengras-Smoothie so gesund aussehen lässt, es ist vielmehr der Stoff, mit dem Pflanzen das Sonnenlicht quasi trinken. Sie nehmen Licht, Wasser und $CO_2$ und bauen daraus Zucker, Sauerstoff und Energie, die sogenannte Photosynthese. Für mich immer wieder so etwas wie der Urknall des Lebens, nur in ganz sanft und leise, beinahe unbemerkt und praktisch in jeder Sekunde.

Dabei ist bereits die Farbe Grün – noch ganz ohne ihre phytotherapeutischen Effekte aus dem Chlorophyll – hochspannend und atemberaubend wirksam. Sie beruhigt nachweislich das Nervensystem und bringt Entspannung in Körper und Geist, wirkt ausgleichend und hilft, Stress abzubauen. Ein Effekt, den wir spüren, sobald wir in einen Wald oder Park gehen oder uns auf eine grüne Weise setzen. Studien haben zudem gezeigt, dass allein der Anblick der Farbe Grün bereits den Blutdruck senken kann.

Und wenn du dieses Grün in Form des Pflanzeninhaltsstoffes Chlorophyll über frische Blätter, Wildkräuter und grüne Pflanzen zu dir nimmst, dann nimmst du nicht nur ein Farbmolekül ein, sondern eine Erinnerung aus Balance, Sauerstoff, Regeneration und Zellfrische. Trinkbares Licht! Als ob du den Frühling isst und dein Blut mit grünem Lebensatem reinigst. Und die Wirkungen im Körper sind immens:

## WIRKUNG IM KÖRPER

- Blutbildung: Chlorophyll ähnelt Hämoglobin, das eisenhaltige Protein in den roten Blutkörperchen, das unerlässlich ist für den Sauerstofftransport
- Zellreinigung: unterstützt die Entgiftung von Leber und Lymphe
- Basisch und regenerierend: wirkt ausgleichend auf den pH-Wert und den Säure-Basen-Haushalt und verhindert so verschiedenste Symptome und Beschwerden, wie Müdigkeit, chronische Entzündungen, Muskel- und Gelenkschmerzen, Verdauungsprobleme oder Konzentrationsstörungen
- Entzündungshemmend und antioxidativ
- Immunstärkend über Mikronährstoffe und sekundäre Pflanzenstoffe
- Geruchsneutralisierend: vermindert die Aktivierung bestimmter eiweißspaltender Enzyme und hemmt so die Bildung übler Gerüche

## KLEINE PFLANZENPORTRAITS

| | |
|---|---|
| **Weizengras**<br>(*Triticum aestivum, jung geerntet*) | Zarte Halme, geballte Kraft, somit ein grünes Kraftwerk in Miniaturform.<br>**Wirkstoffe:** Chlorophyll, Enzyme, Aminosäuren, Mineralien<br>**Anwendung:** Frischsaft, Pulver, Shots |
| **Brennnessel**<br>(*Urtica dioica*) | Ja, schon wieder da, weil sie fast alles kann – auch Chlorophyll in hoher Dichte.<br>Wirkstoffe: Chlorophyll, Eisen, Kieselsäure<br>Anwendung: Tee, Suppe, Spinat, Frischsaft |
| **Spinat**<br>(*Spinacia oleracea*) | Der Klassiker – mild, grün, vielseitig.<br>**Wirkstoffe:** Chlorophyll, Magnesium, Folsäure<br>**Anwendung:** roh, gedünstet, als Smoothie oder Saft |
| **Vogelmiere**<br>(*Stellaria media*) | Winzig, aber oho! Eine der chlorophyllreichsten heimischen Wildpflanzen.<br>**Wirkstoffe:** Chlorophyll, Kalium, Vitamin C<br>**Anwendung:** roh aufs Brot, im Wildkräutersalat, als Pesto |
| **Löwenzahnblätter**<br>(*Taraxacum officinale*) | Nicht nur bitter, auch grün durch und durch.<br>**Wirkstoffe:** Chlorophyll, Bitterstoffe, Kalium<br>**Anwendung:** im Salat, Smoothie, als Kurtee |

## STELL DIR VOR:

November, grauer Himmel, müde Stimmung. Das Licht fehlt, die Haut ist fahl, die Gedanken schwer. Kommt dir bekannt vor? Du stehst in deiner Küche, blickst auf die letzten frischen Blätter aus deinem Garten: Vogelmiere, Löwenzahn, ein bisschen Brennnessel. Du denkst: „Ich brauch' Sonne! Aber zum Trinken." Du machst dir einen Saft aus grünem Blattwerk, Apfel und Zitrone und trinkst. Ganz langsam.

Was kommt, ist keine Euphorie. Wie so vieles aus dem Reich der Kräuter und Heilpflanzen stellt sich kein Soforteffekt mit Paukenschlag und Fanfaren ein. Es ist eher ein inneres Aufatmen, ein Gefühl von Licht in den Zellen und der lachende Gedanke, dem Körper gerade eben ein wirkliches Geschenk gemacht zu haben.

Auch hier sind die Anwendungen im Alltag recht einfach und unspektakulär und halten kaum einer Ausrede stand. Für den grünen Start in den Tag optimal: eine

Handvoll Brennnessel und Vogelmiere mit einem Apfel und dem Saft einer Zitrone in den Mixer geben, Wasser drauf, fertig.

Morgens auf nüchternen Magen ein Glas Weizengrassaft über 2 Wochen ist ebenfalls eine wunderbar sanfte Entgiftungskur gegen alles, was sich an Schlacken und Giften eingelagert hat. Wer es wärmer mag, dem hilft ein Chlorophylltee aus frischem Spinat, kurz überbrüht, und fertig ist der milde Muntermacher, der zudem mit seinem Eisen und seinen Vitaminen den Muskeln ordentlich auf die Sprünge hilft – auch wenn der berühmte Popeye-Effekt für den gleichnamigen Trickfilmhelden seinerzeit mit Absicht überhöht wurde, denn ganz so heftig ist der Effekt von Spinat bei Weitem nicht.

Als kleine Hautpflege von innen zählt der tägliche Chlorophyllboost mit Löwenzahn und Vogelmiere, der mit chlorophyllreichen Wildkräutern zudem zu einem Basenbad für die Zellen wird und frisch zubereitet und getrunken einen reinigenden Effekt erzeugt, ideal nach körperlicher Belastung oder Stress.

Trotz aller unterstellten Zauberkraft und dem erst jüngst entstandenen Hype ist wichtig zu verstehen: Chlorophyll ist kein Trend! Es ist ein Ursprung. Und genauso ursprünglich sollte auch seine Herkunft und seine Darreichung sein. Also kein „Grüner Glow“ aus dem Bio- oder Beauty-Regal, sondern direkt aus der echten Pflanze. Unverarbeitet, ungekünstelt, reichhaltig und gesund. Dann erkennt es dein Körper direkt als Verbündeten und heißt es mit offenen Armen willkommen.

# SAPONINE. PFLANZEN WIE SEIFENBLASEN, SPIELERISCH HEILEND

Sie machen Schaum, lösen Schleim, senken Cholesterin und haben dabei die zarte Coolness einer Wildpflanze, die ganz genau weiß, dass sie viel mehr kann, als man ihr ansieht. Saponine sind die unterschätzten Seifenblasen unter den Wirkstoffen, elegant, reinigend und faszinierend funktional.

Saponine verdanken ihren Namen der Seifenkrautpflanze, die früher tatsächlich zum Waschen verwendet wurde. Denn sie schäumt wirklich! Aber damit hört es längst nicht auf. Saponine sind pflanzeneigene Tenside: Sie beeinflussen Oberflächen, durchdringen Schleimhäute, lösen Fette und befreien.

Was Seife mit Selbstheilung zu tun hat? Genau das!

Im Körper helfen sie, Schleim zu lösen, Stoffe besser aufzunehmen und sogar Cholesterin zu regulieren. Sie reinigen mild und stimulieren, ohne zu überfordern. Sie wirken auf Lunge, Verdauung, Immunsystem, Cholesterinhaushalt und Hormonachse. Sie schäumen und blubbern durch deinen gesamten Stoffwechsel.

### WIRKUNG IM KÖRPER

- Schleimlösend bei Husten, Bronchitis, zähem Sekret
- Resorptionsfördernd, verbessern also die Nährstoffaufnahme im Darm
- Cholesterinsenkend, binden Gallensäuren
- Antimikrobiell, immunstärkend bzw. -modulierend über indirekte Wirkpfade
- Magen- und leberfreundlich, wenn man sie in Maßen nutzt

### KLEINE PFLANZENPORTRAITS

**Seifenkraut**
(*Saponaria officinalis*)

Der ursprüngliche Namensgeber. Reinigt äußerlich und wirkt innerlich sanft bei Husten.
**Wirkstoffe:** Saponine (Saponariosid)
**Anwendung:** Auszug für Haut, Tee bei Schleimhautschwäche
**Hinweis:** In hoher Dosis reizend – stets gut dosieren!

| | |
|---|---|
| **Primelwurzel**<br>(*Primula veris*) | Klein, sonnig und ein echtes Bronchialgenie.<br>**Wirkstoffe:** Triterpensaponine<br>**Anwendung:** Hustentee, Auszug, Tinktur<br>**Besonders bei:** zähem Husten, festsitzendem Schleim |
| **Süßholz**<br>(*Glycyrrhiza glabra*) | Süß, stark und unterschätzt, der Klassiker bei Magenproblemen (fragt meinen Mann!) und Schleimhautschutz.<br>**Wirkstoffe:** Glycyrrhizin (Saponin), Flavonoide<br>**Anwendung:** Tee, Pulver, als Bestandteil traditioneller Mischungen<br>**Hinweis:** Nicht dauerhaft verwenden (wirkt blutdrucksteigernd in hohen Dosen) |
| **Hafer**<br>(*Avena sativa*) | Nicht nur fürs Frühstück! Enthält milde Saponine, die für Nerven, Haut und Schleimhaut wirken. Haferschleim beruhigt die Magenschleimhaut und wirkt gegen Atemwegsentzündungen. Wir haben ihn prophylaktisch und begleitend bei unserer Tochter genutzt, die bis zu ihrem 6. Lebensjahr an Pseudokrupp litt.<br>**Wirkstoffe:** Avenacoside (Saponine), Kieselsäure<br>**Anwendung:** Haferstrohbad, Tee, als Basis für Schleimhautzustände |
| **Efeu**<br>(*Hedera helix*) | Achtung, spannend: Toxisch in roher Form, aber stark wirksam als Auszug gegen Husten.<br>**Wirkstoffe:** Hederacosid C (Saponin)<br>**Anwendung:** Standardisiert in Hustensäften – bitte nicht selbst zubereiten! |

**STELL DIR VOR:**

Dienstagabend. Du röchelst vor dich hin, der Husten klingt wie ein defekter Staubsauger. Du greifst zum Hustentee aus Primel und Süßholz, ziehst einen langen Schluck laut schlürfend hinein (schlürfend deshalb, weil dadurch feinste Wassertropfen zusätzlich in deine Atemwege gelangen), du spürst den warmen, milden Hauch Süße. Kein Krawumm, kein Mentholschock über der Dampfschüssel, nur ein langsames, sanftes Lösen und du atmest wieder. Durch die Nase – und innerlich.

Die Anwendungen für deinen Alltag scheinen simpel, brauchen aber deine ganze Aufmerksamkeit, denn wie in vielen Bereichen ist nicht alles „friedlich“, nur weil es aus der Natur kommt.

Bestes Beispiel hierfür ist der Efeu, dessen phytotherapeutische Effekte wunderbar sind. Dennoch, oder gerade deshalb, greifst du hier besser ausschließlich zu standardisierten Efeupräparaten aus der Apotheke und sammelst oder bereitest niemals selbst Eigenpräparate zu, schon gar nicht zum Einnehmen!

Anders bei einem Hustentee bei Bronchitis, zum Beispiel aus Süßholz, Primelwurzel und Lindenblüte: 2 bis 3 Mal täglich wirkt er wunderbar lösend und lindernd. Das namensgebende Seifenkraut wiederum kannst du abgekocht äußerlich bei Hauptproblemen, bei Juckreiz oder als mildes Pflanzenshampoo nutzen. Eine Nummer größer, nämlich direkt für ein Vollbad in die Wanne gegossen, beruhigt ein Haferstrohbad aus ca. 100 g Haferstroh, ausgekocht in 2 Litern Wasser, Haut und Nerven. Und für die innere Anwendung sei beispielhaft ein Süßholztee mit einer Messerspitze Honig genannt, der den gereizten Magen beruhigt. Bei allem aber, was die Verdauungsorgane und speziell den Magen betrifft, gilt: niemals dauerhaft anwenden. Bei akuten oder chronischen Beschwerden ist der Arztbesuch hier immer ratsam.

Saponine reinigen. Sie wirken dort, wo es zu viel gibt: zu viel Schleim, zu viele Toxine, zu viel Trägheit. Aber sie sind kein Allheilmittel und reizen in hoher Dosis Magen und Darm, deshalb: immer gut dosieren und niemals unreflektiert kombinieren! Wenn du sie klug einsetzt, dann schenken sie dir Atemfreiheit, Leichtigkeit und saubere Zellräume.

# VITAMINE & CO. DAS GRÜNE MULTIWUNDER, DAS ZU DEINEN FÜßEN WÄCHST

Womit ich den grünen Teppich für das wohl bekannteste und zugleich am häufigsten missverstandene Thema in Sachen Gesundheit ausrolle. Ganz ohne synthetische Grammangaben und Etiketten-Informationen, sondern in reiner Wildform, direkt von der Wiese in die Zelle.

Vitamine haben keine bunte Verpackung, kein TÜV-Siegel, und trotzdem wirken sie ganz natürlich, lebendig und immer exakt so, wie dein Körper sie versteht. Deshalb sind diese Vitalstoffe in ihrer lebendigen Verpackung häufig besser als aus dem Regal. Sofern man sie zu dosieren weiß – weder zu viel noch zu wenig ist ratsam, weil sie dann entweder unwirksam oder direkt wieder ausgeschieden werden.

Vitamin C gegen Erkältung, Vitamin D fürs Gemüt, den Knochenbau und das Immunsystem, B-Vitamine für die Nerven usw.

Was viele aber nicht wissen und beachten: Die wirksamste Form von Vitaminen ist immer die, die in ein natürliches System eingebettet bleibt. Also in eine Pflanze mit Ballaststoffen, sekundären Pflanzenstoffen, Enzymen, Licht und Leben drumherum.

Und die Wildkräuter? Sie sind die Urform dieser lebendigen Vitalstoffkombinationen. Sie wachsen dort, wo das Leben robust, vielfältig und ungeschönt ist, und genau das spiegelt sich auch in ihrer Nährstoffdichte wider. Keine Monokultur, kein Labor, keine leere Kalorie, sondern echte Kraft in jedem noch so kleinen Blatt. Und wer meine Videos kennt, der weiß: All das spannenderweise auch noch unterjährig bzw. saisonal mit genau dem Effekt, den die Pflanze und wir jeweils in genau dieser Phase und Zeit des Jahres benötigen. Im Frühjahr mit ganz anderen Kräften und Dosierungen als im Sommer oder im ausklingenden Herbst.

## WIRKUNG IM KÖRPER

- Immunstärkung: Vitamin C, A, Vitamin-D-ähnliche Stoffe
- Nervenstärkung: B-Komplex
- Zellschutz und Anti-Aging: Vitamin E, sekundäre Pflanzenstoffe
- Haut- und Schleimhautgesundheit: Beta-Carotin (Provitamin A), Folsäure
- Stoffwechselaktivierung: Co-Faktoren und natürlich Enzyme, also Proteine, die der Körper selbst herstellen kann und die unerlässlich sind für wesentliche Stoffwechselprozesse

## KLEINE PFLANZENPORTRAITS

**Hagebutte**
(*Rosa canina*)

Vitamin C ohne Ende, da kommt kein Pulver ran!
**Wirkstoffe:** Ascorbinsäure, Carotinoide, Flavonoide
**Anwendung:** Tee, Mus, Pulver aus getrockneten Schalen
**Besonders bei:** Immunstärkung, Gelenkbeschwerden, Erschöpfung

**Giersch**
(*Aegopodium podagraria*)

Der Schrecken vieler Gärtner und der Schatz aller Vitamin-C-Suchenden, gerade im Frühling.
**Wirkstoffe:** Vitamin C, Karotin, Magnesium
**Anwendung:** Roh im Salat, Pesto, Suppe, Smoothie

**Gundermann**
(*Glechoma hederacea*)

Würzig, wild, sehr vitaminreich und gut für Schleimhäute und gegen Frühjahrsmüdigkeit.
**Wirkstoffe:** Vitamin C, ätherische Öle, Bitterstoffe
**Anwendung:** Wildkräuterbutter, Tee, als Gewürz

**Sauerampfer**
(*Rumex acetosa*)

Die Zitronenfrische unter den Wildkräutern, auch sehr reich an Vitamin C und Eisen.
**Wirkstoffe:** Vitamin C, Oxalsäure (in Maßen!), Eisen
**Anwendung:** In Kräutersuppen, Salaten, grünen Smoothies

**Löwenzahnblüte und -blatt**
(*Taraxacum officinale*)

Nicht nur für Bitterstoffe gut, sondern auch ein unterschätztes Multivitamin in Gelb-Grün.
**Wirkstoffe:** Vitamin A, C, K, Kalium, Karotinoide
**Anwendung:** Blätter in Salat, Blüten in Sirup, Knospen wie Kapern

**STELL DIR VOR:**

Freitagmorgen. Dein Hals kratzt, die Sonne zeigt sich nur noch auf Urlaubsfotos, dein Kaffee stützt dich mühsam und du willst nicht krank werden. Du schnappst dir Jacke und Schere, stapfst hinaus und pflückst: Giersch, Sauerampfer, etwas Gundermann, ein paar Hagebuttenschalen vom vergangenen Herbst. In zehn Minuten steht da ein grüner Immuntee auf dem Tisch. Du trinkst und spürst kein „Wow!“, sondern ein „Ahhh, endlich!“.

Und doch muss und möchte ich an dieser Stelle die Verteufelung von Vitamin-Supplementen von der Wand wischen und dir eine ganz persönliche Geschichte erzählen:

Meine Tochter war eine Zeit lang Dauergast in der Kinderviren-Arena namens Kita, dieser begehbaren Petrischale, wie mein Mann sie nennt. Die kleine Maus wurde also dauerkrank und wir gleich mit! Schnupfen, Husten, Augen, Ohren, Fieber. Wie ein schlecht sortierter Apothekerschrank, einfach jeder Keim fand uns – und wir fanden kein Ende. Bis wir begannen, gezielt zu unterstützen. Vitamin D3 in Kombi mit K2 und Magnesium, täglich und hochdosiert – und plötzlich geschah das Unwahrscheinliche: Nichts!

Kein Fieber, kein Husten, kein Infekt. Nur Stille und Gesundheit, fast ein halbes Jahr lang. Wie ein Hauch von Magie, der, wie sich zeigte, nichts anderes war als Biochemie mit Achtsamkeit.

Zufall? Vielleicht. Wahrscheinlich aber viel eher der lebendige Beweis für funktionierende Prävention und für echte, wirksame Immunarbeit und Gesundheit, die nicht wartet, bis es wehtut, und die wirkt. Mit Wissen und mit Mikronährstoffen, die in diesem Fall nicht aus Pflanzen stammten, sondern mithilfe der Sonne gearbeitet haben. Wer meinem Kanal aufmerksam folgt, wird immer wieder spannende und wirksame Tipps von mir zu Produkten und ganz konkreten Herstellern erhalten.

Doch zurück zu all dem, was wächst und blüht, in der Anwendung im Alltag richtig Freude macht und manchmal erschreckend einfach ist: wie der Frischkräutersalat aus Giersch, Sauerampfer, Gundermann und Zitronensaft. Vitaminreicher als jeder Supermarktsalat, unter Garantie tausendmal schmackhafter und ganz ohne ökologischen Fußabdruck und Lieferkette.

Deine im Spätsommer gepflückten Hagebutten, die du getrocknet und zu einem Pulver zermahlen hast, kannst du täglich mit 1 Teelöffel ins Müsli oder in den Joghurt geben. Deine Gelenke und das Immunsystem schlagen Purzelbäume vor Freude.

Ein Gundermanntee – frisch oder aus getrockneten Pflänzchen – hilft wunderbar bei Frühjahrsmüdigkeit oder verschleimten Atemwegen.

Und dass der tägliche Apfel, der den berühmten Doktor „away keept", auch mit einer Handvoll Wildgrün und Ingwer reine Trinkenergie ist, sollte sich ebenfalls herumgesprochen haben.

Wichtig bleibt die Erkenntnis, dass der Körper alles Natürliche unmittelbar erkennt und hineinlässt, ja regelrecht begrüßt. Aber eben nicht isoliert. Schließlich sind Vitamine aus Pflanzen kein Einzelsubstanz-Hype aus Hollywood, sondern komplexe Netzwerke von Lebensstoffen in Begleitung von Flavonoiden, Enzymen, Mikronährstoffen und jeder Menge Lichtinformationen. Und genau das ist es, was deinen Körper glücklich und gesund macht.

Und damit ist es Zeit für das Grande Finale der Wirkstoffwelt. Aber wie du mich kennst und richtig vermutest: kein Feuerwerk, sondern subtile Magie, verborgen in Blättern, Blüten und Beeren. Es geht um sekundäre Pflanzenstoffe, die unterschätzten Stars am Kräuterfirmament.

# SEKUNDÄRE PFLANZENSTOFFE. DIE UNSICHTBARE KRAFT DER PFLANZE

Sie sind wie das Leuchten der berühmten Nachtwolken nach Sonnenuntergang: besonders zart, aber unverzichtbar. Sie stehen auf keinem Joghurtbecher, sind nie die Hauptzutat und nur selten die Stars eines Social-Media-Reels.

Dabei sind sie nur unsichtbar, aber nicht unwirksam. Im Gegenteil. Man nennt sie „sekundär“, weil sie angeblich nicht lebensnotwendig sind. Das mag für die Pflanze selbst stimmen, aber auch für uns?

Sie vermitteln wie Diplomaten zwischen Pflanze und Körper. Sie sind Zellflüsterer, Immunmodulatoren, Beauty-Booster und Anti-Krebs-Krieger. Sie schützen, stimulieren, stärken und tun das mit einer wunderbaren Eleganz.

Und wo findest du sie? In genau den Pflanzen, die oft übersehen werden: in Wildkräutern, Heilpflanzen, Blättern, die bitter, bunt oder scharf und voller Leben sind.

### WIRKUNG IM KÖRPER:

- Antioxidativ: Zellschutz vor freien Radikalen
- Antientzündlich: chronische Prozesse werden moduliert
- Krebshemmend: bestimmte Stoffe wirken wachstumshemmend auf Tumorzellen
- Hormonartig: Phytoöstrogene, Enzymmodulatoren
- Gefäßschützend und blutdrucksenkend
- Mikrobiomfreundlich und immunregulierend

### KLEINE PFLANZENPORTRAITS (ÜBERBLICK UND CHARAKTER)

| | |
|---|---|
| **Rotklee** (*Trifolium pratense*) | Lady Isoflavon, hormonell ausgleichend und voller Phytoöstrogene. **Wirkstoffe:** Isoflavone, Flavonoide **Anwendung:** Tee, Tinktur, Kapsel (standardisiert) **Besonders bei:** Wechseljahrsbeschwerden, Gefäßschutz, Haut |
| **Holunderbeeren** (*Sambucus nigra*) | Die dunkle Beere mit lila Kraft, eine antivirale Zellschutzbombe. **Wirkstoffe:** Anthocyane, Flavonoide **Anwendung:** Sirup, Tee, Saft **Besonders bei:** Infekten, Immunmodulation, antioxidativem Schutz |
| **Schafgarbe** (*Achillea millefolium*) | Die Weißblühende mit dem scharfen Blick für Entzündung und Hormone. **Wirkstoffe:** Flavonoide, Bitterstoffe, Azulene **Anwendung:** Tee, Tinktur, Dampfbad **Besonders bei:** Menstruationsbeschwerden, Verdauung, Leber |
| **Rotkraut** (*Brassica oleracea var. capitata f. rubra*) | Nicht nur Beilage, sondern ein sekundärer Superheld. **Wirkstoffe:** Glucosinolate, Anthocyane **Anwendung:** Rohkost, Saft, milchsauer vergoren **Besonders bei:** Zellschutz, Verdauung, Krebsprävention |
| **Bärlauch** (*Allium ursinum*) | Der wilde Knoblauch, dein Schwefelverbindungsexperte mit Zellschutzwirkung. **Wirkstoffe:** Sulfide, Flavonoide **Anwendung:** Pesto, Öl, frisch geschnitten **Besonders bei:** Entgiftung, Arterien, Immunsystem |

### STELL DIR VOR:

Du sitzt da, eine Salatschüssel vor dir, ein bisschen Giersch, ein paar Blüten, Holunderbeeren aus dem Eisfach und du denkst: Ob das wohl etwas bringt?

Und dein Körper lächelt still. Und genau das tun sekundäre Pflanzenstoffe auch: Sie sprechen mit deinen Zellen, nicht laut, aber eindringlich genug und immer präzise.

Da diese kleinen Wunderhelden in allen Pflanzen stecken, ist hier die Devise: Iss! Aber dennoch gibt es einige naheliegende Anwendungen im Alltag, zum Beispiel dein Tee zur Zellerneuerung aus Schafgarbe, Rotklee und Brennnessel, ein- bis zweimal täglich. Oder der Wildkräutersalat als Zellschutzpower aus Löwenzahn, Rotkraut, Giersch und frischen, essbaren Pflanzenblüten. Im Herbst zur Immunmodulation wird die Holundersirup-Kur gern genommen: einfach täglich 1 Esslöffel, am besten morgens, einnehmen. Deutlich bekannter wiederum sind mit Sicherheit das Bärlauchpesto, zweimal pro Woche als purer Arterienputzer, oder ganz einfach 2 Esslöffel fermentiertes Rotkraut als täglicher Zellschutz und wunderbares Futter für dein Mikrobiom. Wer mir im Web folgt, weiß, dass ich rund um diese Themen sehr gern und sehr viele leckere Ideen und Rezepte vorstelle, jedes Jahr neu.

Du brauchst nie wirklich viel, du brauchst Vielfalt! Sekundäre Pflanzenstoffe sind hierbei wie eine botanische Symphonie aus vielen leisen und lauten Einzeltönen, die zusammen erst das Zusammenspiel namens Heilung möglich machen. Und genau deshalb ist ein wilder, bunter, saisonaler Pflanzenmix die beste Versicherung gegen Entzündungen, Alterung und Zellstress.

Damit endet der große Streifzug durch die Welt der pflanzlichen Wirkstoffe, aber es ist erst der Anfang von all dem, was sie für dich tun können. Denn jetzt weißt du:

Es wächst für dich, es wirkt für dich – greif ruhig zu!

# Pflanzenkraft, konkret und anwendbar

## Anwendung und Verarbeitung im Alltag

### Tee. Das leise Ritual aus Blatt, Licht und Zeit

Ein Tee ist kein Getränk. Tee ist ein Übergang vom Außen ins Innen, von der Hektik in die Ruhe und Wärme, vom „Ich muss“ zum „Jetzt darf ich endlich“. Eine Tasse voll flüssiger Achtsamkeit, zubereitet aus Pflanzen, die irgendwann einmal echten Wind gespürt und in echter Sonne gebadet haben.

Dann und nur dann ist es auch wirklich Tee. Nicht dieses Blattpulver in Netzstrumpfhose am Papierfaden mit Namensschildchen, die sich die allermeisten reflexartig im Café bestellen, sobald das Thermometer einstellig wird und die Übergangsjacke draußen plötzlich nicht mehr ausreicht.

Nein, Tee ist für mich nur das, was von der Wiese in die Tasse gelangt. Frisch oder getrocknet.

Bevor wir aber übers Aufgießen sprechen, reden wir übers Sammeln. Denn wer Tee aus echten Pflanzen zubereiten möchte, beginnt nicht mit dem Kochtopf, sondern mit den Gartenschuhen. Oder gleich barfuß durchs feuchte Grün. Tee beginnt da, wo du deinen Blick wieder schärfst für das Kleine, das Zarte, aber häufig Unterschätzte. Für das, was wächst.

## Sammeln – zwischen Blick und Bauchgefühl

Pflanzen sammeln ist kein Tun. Es ist ein Geschehen zwischen dir und der Erde. Es ist Zuhören mit den Augen, eine wortlose Verabredung mit dem Lebendigen zu deinen Füßen. Und manchmal auch ein leises Gespräch mit einer Brennnessel. Was, du sprichst noch nicht mit Pflanzen? Probiere das unbedingt mal aus! Zu Beginn vielleicht irgendwo, wo euch beide niemand sehen und hören kann. Schon bald wirst du merken, wie wunderbar heiter sich das Ganze anfühlt. Ich stehe mittlerweile laut schwatzend in meinem Kräutergarten, streichle meiner Zitronenmelisse über den Kopf und frage, wie es ihr heute geht. Und die Nachbarn denken, ich würde mit unseren Katzen reden. Wenn die wüssten …

Es gibt kein Schild mit einem Pfeil, auf dem „Hier wächst Heilung" steht. Aber es gibt Wiesen und Waldränder, Feldraine und schattige Wegränder, an denen das Leben in allen möglichen Grüntönen schillert, auf die jeder Modekatalog neidisch wäre.

Wer Wildpflanzen sammelt, braucht weniger Wissen als vielmehr Haltung. Nicht weniger Verstand, aber mehr Gefühl. Mehr Zutrauen ins Wiedererkennen – und das eine oder andere Pflanzenbestimmungsbuch, na klar. Und den Mut, manchmal einfach still zu sein.

Denn Pflanzen zeigen sich nicht jedem gleich! Sie warten, bis du sie nicht mehr suchst, sondern sie wirklich siehst.

Die richtige Zeit dafür ist, wenn das Licht weich wird. Am besten am frühen Vormittag, wenn die Pflanzen ihre ätherischen Öle noch wie ein leises Parfüm tragen, die Sonne den Morgentau aber bereits aufgesogen hat und die kleinen Pflanzen mutig ihre Arme nach dir ausstrecken.

Blätter wie die der Zitronenmelisse duften dann am intensivsten. Oder streiche einfach mal an einem Morgen mit der Hand ganz sanft durch einen halbhohen Minzeteppich. Sofort erhebt sich eine Wolke voll Teeduft, die flüstert: „Ich bin bereit."

Denn du sammelst nicht einfach nur Blätter. Du sammelst Momente, in denen die Pflanze sich öffnet.

Bedenke dabei: Nicht alles, was grün ist, will in die Kanne. Nicht jede Pflanze ist ein Teekraut – auch wenn überraschend viele Pflanzen sich dafür eignen – und nicht jeder Tee entsteht aus Blättern:

Mal sind es die Blüten wie die von Kamille, Holunder, Ringelblume oder Malve. Sie bringen Farbe, Milde und überraschende Wirkung. Mal sind es die Blätter wie die der Minze, der Melisse, einfache Brombeerblätter, Frauenmantel oder der pelzige Salbei. Oft viel kräftiger im Aroma, manchmal herb, manchmal weich. Ein anderes Mal sind es die Stängel und Zweige von Thymian, Rosmarin oder Gundermann, Pflanzen voller ätherischer Kraft und heißer Wucht im Tee. Und natürlich die Samen und Früchte, zum Beispiel von Fenchel, Kümmel oder Hagebutte, oft würzig, fruchtig und wärmend.

Und ja, selbst aus Wurzeln gelingen heilende und schmackhafte Tees. Aus Eibisch, Löwenzahn oder Süßholz, tief und erdend, gern für später im Jahr, nach dem ersten Frost oder dem zu fetten Weihnachtsbraten.

Und dann gibt es die Unbekannten, die Überraschungsgäste auf der Tee-VIP-Liste: Schafgarbe zum Beispiel mit ihrem wilden Krautduft, Beifuß – so wunderbar, dass er sein eigenes kleines Kapitel verdient hätte. Oder Waldmeister, den du aber vor der Blüte pflückst, damit er dich nicht betäubt.

Die nimmst du also mit, vertraust ihnen und sie dir. Zumindest so lange, bis du ihnen zeigst, weshalb du gekommen bist. Aber: Ernte immer mit Respekt, damit die Pflanze weiterleben kann. Wenn du mit deinem Korb losziehst, dann gehst du nicht auf Beutezug, du gehst auf Begegnung. Tee sammeln ist kein Kräuterschlussverkauf mit Sonderrabatten am Green Friday und auch nur selten geeignet als gemeinsames Happening zum Junggesellinnenabschied.

Wer einer Pflanze begegnet, nimmt nur, was er erkennt – mit Namen, Geschichte, Geschmack und Wirkung. Unbekanntes bleibt stehen, wird bestaunt. Auch weil dein Körper instinktiv merkt, was er noch nicht verdauen kann – und was schlicht kein Tee ist, sondern wohl ein Risiko wäre.

Und auch bei allem, was du kennst, gilt: Nie alles pflücken. Ein Drittel für dich, eins für die Pflanze und ein Drittel für alles, was summt und brummt und Hunger hat. Außer du stehst mitten in deinem eigenen Pfefferminzbeet und es geht straff auf den Winter zu. Dann darfst du gern wie Edward mit den Scherenhänden durchs Beet wildern und retten, was geht und was ins Trocknungsnetz passt!

Apropos Schere:

Mit Schere oder Messer schneidest du am schonendsten. Die Pflanze wird sauber getrennt, der Stängel nicht gequetscht, nichts kleckert und matscht. Das ist besonders wichtig bei Kräutern mit ätherischen Ölen.

Pflückst du die oberen Blätter, sind diese oft zarter und enthalten mehr ätherische Öle. Die unteren Blätter sind oft robuster. Diese zupfst du ab, wenn du mehr Grünzeug für den Tee brauchst, bei der Brennnessel zum Beispiel oder bei der Pfefferminze.

Die Kräuterscheren im Handel sind – das wissen die wenigsten – übrigens gar nicht zum Ernten, sondern eher zum schnellen und präzisen Zerkleinern der Kräuter konzipiert.

Dann stapfst du also los und triffst auf Orte, die du besser meiden solltest. Denn Pflanzen sind offen, sie speichern alles, was sie erleben, atmen und trinken. Und deshalb sammeln wir lieber gar nicht erst an Straßenrändern voller Feinstaub, an intensiv genutzten Feldern und Äckern, denn Glyphosat lässt sich nicht wegputzen. Natürlich ebenso wenig an Hundestrecken oder in Schutzgebieten.

## Die besten Sammelorte

Ein alter Garten. Ein ruhiger Waldrand. Ein vergessener, ungemähter Hang, auf dem der Giersch noch blühen darf, als sei er eine verzauberte Rose. Rein mit ihm in den Leinenbeutel, den Weidenkorb oder einfach nur in den Arm. Aber niemals in die Plastiktüte. Pflanzen wollen es luftig und unbeschwert.

Du legst sie hinein wie eine Einladung, kein Verpacken, kein Pressen. Blüten oben, Wurzeln unten, sofern welche dran sind. Brennnesseln einzeln, Salbei mit Respekt – sein Duft ist „mächtig gewaltig“. Und dann wieder der Moment, wo du spürst: heute nicht. Und du lässt sie stehen und ziehst weiter.

Du wirst sehen, schon nach ein paar ersten Ausflügen zum kostenlosen Kräutershopping im für mich einzigen Naturladen, der auch so heißen darf, fängt dein Blick an, Dinge zu sehen und zu erkennen, die andere übersehen. Wie du selbst noch vor Tagen. Die erste Knospe der Kamille, den silbrigen Unterrock vom Salbei, die kecke Frische im jungen Löwenzahnblatt.

Und wenn du nach Hause kommst, hast du mehr gesammelt als nur Pflanzen: Du hast dich erinnert – an Kindheitstage, an Sommerferien, an Omas Kamillentee, an den Rhythmus des Lebens. Und an die Wahrheit, dass Heilung keine lauten Zeichen braucht; manchmal genügt ein einziges duftendes Blatt.

## Trocknen. Die Kunst, einen ganzen Sommer einzufangen

Man kann die Kraft einer Pflanze nicht ewig festhalten, aber man kann sie konservieren: in Blättern, die knistern wie Geschenkpapier aus Großmutters Zeiten, in getrockneten Blüten, die im Winter noch immer nach Sonne duften, oder in einem Glas voll stiller Erinnerung.

Denn jetzt, wo der Sammelkorb geleert ist, beginnt das zweite große Ritual: das Bewahren. Wildkräuter sind keine Geduldskünstler. Sie welken schnell, verlieren ihre Kraft, wenn man sie achtlos behandelt; sie schimmeln, wenn sie zu lange oder zu eng liegen und gestaucht werden. Aber gibst du ihnen Raum, Luft und etwas Zeit, dann schenken sie dir ihre Wirkung weit über die Jahreszeit hinaus.

Trocknen ist also keine Notlösung, sondern eine Kunst, eine Form der Fürsorge, des Veredelns, des Übergangs. Und auch ein bisschen Magie. Denn du konservierst Licht, Farbe, Struktur und Inhaltsstoffe und genau das braucht Geduld.

Kleine Checkliste für perfektes Trocknen?

- Nie in Plastiktüten. Atmungsaktive Körbe, Papiertüten oder Leinentücher sind ideal.
- Pflanzen locker auslegen, nicht stapeln. Was sich drückt, wird schimmlig.
- Trockene Räume – der Keller ist keiner davon! Lieber unter einem Vordach an frischer Luft, in der gut gelüfteten Küche oder im Trocknungsnetz auf dem zugigen Dachboden.
- Kräuter mit hohem Ölanteil immer separat trocknen, sie geben viel Duft ab.
- Wurzelteile in feine Scheiben schneiden und auf Gitter legen, sie brauchen meist mindestens ein bis zwei Wochen.
- Früchte wie die Hagebutte entkernen, langsam bei 40 Grad trocknen – gern im Dörrautomaten oder dem halboffenen Backofen.
- Alles andere: luftig, schattig, warm, aber niemals direkt in der Sonne.

Die Basics sind also Luft, Schatten und Geduld. Wildkräuter wollen nicht braten wie Ronny und Sabine aus Magdeburg am Strand von Santa Ponça. Sie wollen behutsam begleitet werden an einen warmen, luftigen Ort ohne direkten Sonnenschein, ganz ohne Eile. Denn UV-Licht zerschießt die ätherischen Öle. Und Durchzug wiederum braucht es, weil stehende Luft gern auch Schimmel fördern kann.

Nicht jede Pflanze trocknet gleich. Manche sind echte Diven, andere ziemlich unkompliziert. Deshalb hier mein kleiner Zickigkeits-Überblick:

Blätter, zum Beispiel von Melisse, Minze oder Brombeere, trocknen schnell, aber recht empfindlich. Mein Tipp: locker auslegen, regelmäßig wenden, und dabei kaum berühren. Behandle Blätter wie die bissige Hündin vom Nachbarn: am besten nicht einmal anschauen, nur kurz hin und zügig wieder entfernen.

Blüten wie bei Kamille, Ringelblume oder Holunder trocknen zart, flüchtig und ziemlich unentschlossen. Leg sie in flache Körbe oder Netze und lass ihnen Zeit.

Wurzeln von Löwenzahn oder Eibisch sind echt hartnäckig und brauchen ewig. Gut gewaschen und klein geschnitten sind das die ersten Kandidaten für den Backofen oder den Dörrautomaten.

Samen und Früchte von Fenchel oder Hagebutte sind durch ihren hohen Anteil an Feuchtigkeit und Ölen recht schimmelanfällig. Auch hier tut es am ehesten eine dünne Lage auf giftstofffreiem Backpapier und bei Bedarf der Dörrautomat.

Stängel oder ganze Pflanzen wie Beifuß oder Thymian trocknen gut als Sträußchen kopfüber hängend unterm Vordach, luftig gebunden als kleines, runzeliges Pflanzenmumien-Kollektiv.

Nach dem Bewahren folgt das Aufbewahren, der zweite Teil der Sorgfalt. Ist deine getrocknete Pflanze erst rascheltrocken (und nicht nur lauwarm-schlapp und irgendwie traurig), darf sie zu guter Letzt hinein in dunkle Gläser oder gut schließende Dosen. Dunkel, kühl, luftdicht verschlossen – sofern sie wirklich richtig trocken sind!

Denk an das Etikett, denn spätestens im Winter sehen sich Minze und Melisse so ähnlich wie zwei Katzen im Dunkeln. Weil Tee sich ewig hält, schreib am besten Namen, Sammelort, Monat und Jahr mit drauf. Wenn du eine solche Dose nach vielen Jahrzehnten wiederfindest, hast du erstens etwas zu trinken und zweitens etwas zum Schmunzeln.

Mein kleiner Extra-Tipp, nicht nur für Kinder: Mach dir kleine „Riechgläschen“ mit Duftlieblingen. Ein Glas Minze oder Thymian und vielleicht eines mit getrockneten Fichtennadeln, die nach einem Waldmorgen riechen – für Januar-Tage, an denen du vergessen hast, dass die Welt draußen grün war und schon bald wieder sein wird.

„Januar, Februar, März, April, die Jahresuhr steht niemals still …“ Dieser Ohrwurm wird dir heute präsentiert vom Jahreskreis im Kräuterkorb – denn auch beim Sammeln hat alles seine Zeit:

- Frühling: junge Brennnesselblätter, Löwenzahn, Gänseblümchen
- Frühsommer: Frauenmantel, Johanniskraut, Minze, Holunderblüte
- Hochsommer: Schafgarbe, Ringelblume, Lavendel, Malve
- Herbst: Beeren, Wurzeln (am besten nach dem ersten Frost), Samenstände
- Winter: Hier genießt du die Ruhe und das Aufbrauchen deiner gesammelten Schätze.

Du stehst im Dezember vor deinem Regal, nimmst ein Glas getrocknete Rosenblüten und eines mit Salbeiblättern, die beim Öffnen schon duften wie ein heißer Julitag. Du nimmst etwas davon, gießt es auf und spürst, wie sich deine Hände erinnern. An die Stimmung, an das Licht und dein leises Sommerlächeln. Willkommen in deinem eigenen „T(h)eeater“.

### Aufgießen. Wenn Wasser zum Medium wird

Wasser ist geduldig. Ich weiß, wie das klingt, aber denk mal darüber nach. Es fragt nicht, ob du müde oder verwundet bist. Es nimmt die Botschaften der Pflanzen auf und bringt sie dorthin, wo sie gebraucht werden.

Heißgetränke gibt es da draußen in der lauten Welt gern mal in Dosen, Tetra Paks oder in einem schaumbedeckten Pappbecher mit deinem Namen drauf. Tee stattdessen ist etwas für dein Inneres, deine stille Welt. Nicht als Getränk. Eher als Geste, als Kontaktaufnahme.

Denn dein Tee ist immer mehr als Wasser und Pflanze. Er ist die Wärme des vergangenen Sommers und deine Zeit und Intuition beim Sammeln und Bewahren. Er tut dir gut, nährt und heilt, wenn du den letzten Schritt vorm ersten Schluck nun auch noch mit Bedacht und Ruhe gehst. Deshalb kommen hier die vier Grundformen des Aufgießens, alle mit eigenem Rhythmus und eigener innerer Logik.

**Der Aufguss oder Infus** – vom lateinischen *infusum* (Aufguss) oder *infusio* (Hineingießen), im Wortstamm bis heute erhalten in der medizinischen „Infusion“ – ist der Klassiker für alles Zarte. Für Blüten, Blätter,

Duft und Licht, also die zarten Teile einer Pflanze, die nur sanften Kontakt zum Wasser brauchen. Kein Kochen, kein Drama, nur liebevolles Übergießen.

**Geeignet für:** Kamille, Melisse, Frauenmantel, Johanniskraut, Zitronenverbene, Gundermann oder Minze.
**Zubereitung:** 1–2 TL getrocknete (oder 1 EL frische) Pflanze pro Tasse mit bis zu 90 °C heißem Wasser übergießen, 5–10 Minuten ziehen lassen, vorsichtig abseihen und genießen.
**Anwendung:** Für Alltagstees, entspannende Abendmischungen, leichte Kräuterunterstützung oder einfach nur, um die Seele zu wärmen.

Beim Heißaufguss entscheidet die Teesorte, wie heiß das Wasser sein kann; nicht alles braucht sprudelnd kochendes Wasser! Für grünen und weißen Tee genügen Temperaturen zwischen 60 und 80 °C, während schwarzer Tee und Kräutertee 90 bis 100 °C gut vertragen kann. Taste dich einfach selber an die beste Temperatur heran. Oft sind es auch die Pflanzen selbst, die dir genau sagen, ab wann sie zu bitter schmecken, wenn das Wasser zu heiß war.

**Das Abkochen** – auch Dekokt genannt – ist dein Weg, wenn Kraft und Tiefe gefragt sind. Denn manche Pflanzen verschließen ihre aromatischen Schätze gerade durchs Trocknen. Beispielsweise Rinde, Samen, Holz und Wurzelwerk brauchen Zeit und Hitze, um sich dir zu öffnen.

**Geeignet für:** Eibischwurzel, Hagebuttenschalen, Eichenrinde, Angelikawurzel, Süßholz, Beinwell, Bärwurz.
**Zubereitung:** Je 1–2 TL der getrockneten und zerkleinerten Pflanzenteile mit kaltem Wasser (!) aufsetzen, langsam aufkochen und dann 10–20 Minuten leicht köcheln lassen, danach abseihen und den Tee lauwarm oder warm trinken.
**Anwendung:** Dekokte sind dein idealer Partner für tiefere Themen, chronische Beschwerden, Probleme mit der Darmschleimhaut, für hormonelle Regulation und stärkende Kuren. Sie werden in der Phytotherapie, der traditionellen Medizin, aber auch in der Traditionellen Chinesischen Medizin verwendet, weil sich bestimmte Wirkstoffe aus Pflanzen nur schwer und langsam extrahieren und für die Anwendung als Heilmittel nutzbar machen lassen.

**Der Kaltauszug, der Kaltansatz oder das Mazerat** – vom lateinischen *maceracio*, dem Einweichen – ist der Experte für das Feine und Schleimige, für alles Flüchtige und thermisch Instabile. Denn wer zu schnell heiß ist und überhitzt, verliert manchmal das Wesentliche. Das ist bei Pflanzen nicht anders als bei deinem cholerischen Chef. Bei Schleimstoffen sind daher Sanftmut, Zeit, Geduld und kaltes Wasser gefragt. Das klassische Mazerat wiederum wird eher als Ölauszug gemacht. Wir schauen aber zunächst auf den wässrigen Auszug.

**Geeignet für:** Eibischblätter, Malvenblüten, Leinsamen, Isländisch Moos.
**Zubereitung:** 1–2 TL getrocknetes Kraut mit kaltem Wasser übergießen und 8–12 Stunden ziehen lassen, danach gegebenenfalls leicht erwärmen, aber niemals kochen.
**Anwendung:** Bei Reizhusten, Magenreizungen, Blasenentzündungen, Sodbrennen, sensiblen Schleimhäuten.

**Die Tee-Kur.** Dein Tee ist ein großer Freund der Routine; Wiederholung wirkt hier oft Wunder. Denn Heilung ist kein Event, kein Volksfest im Jahresrhythmus, kein Firmenausflug mit Teambildungseffekt. Sie ist ein Prozess, ein gern auch tägliches Retreat – und Pflanzen wirken genau dann am stärksten, wenn du sie regelmäßig dazu einlädst.

**Geeignet für:** Brennnessel, Rotklee, Ackerschachtelhalm, Frauenmantel, Salbei, Goldrute, Taubnessel.
**Zubereitung:** 2–3 Tassen pro Tag aus frischen oder getrockneten Pflanzen, gern auch als Mischung, über 2–4 Wochen regelmäßig trinken, dann pausieren.
**Anwendung:** Klassisch für Entgiftung, Entsäuerung, Hormonbalance, Immunaufbau, Hautreinigung, Zyklusregulierung.

Dein Tee aus eigener Ernte und Zubereitung ist nicht nur Lohn deiner eigenen Mühen, er ist eine Einladung zu einer Experimentierfreude, für die im Alltag oft kaum Zeit bleibt.

Probiere aus, was dir schmeckt, und werde zum Komponisten deiner eigenen Tee-Ouvertüre. Du wählst dir eine Leitpflanze, die die Hauptwirkung tragen wird (zum Beispiel Brennnessel für Entgiftung), dazu einen Begleiter, der unterstützt und abrundet, wie die Zitronenmelisse, und eine Brücke in deine innere Harmonie mit etwas Fenchel, Minze oder einigen Blüten. Was so entsteht, das wirkt, schmeckt, duftet und heilt.

Und die Zeit zwischen Aufguss und Trinken? Diese heißt nicht umsonst „Ziehen lassen“. Lass ziehen, lass los. Deine Gedanken, deine Unruhe; schau hin, wie sich das Wasser färbt. Nimm dir die Zeit, die dein Tee sich nimmt, und schenke euch beiden diesen einen Moment, in dem du wirklich da bist. Sei dein eigener Zeremonienmeister mit einer Tasse voll Kräutermagie.

## Tinkturen. Kräuterkraft in Tropfenform

Wenn Tee eine sanfte Einladung ist, dann ist die Tinktur das konzentrierte Flüstern. Wie das heimliche Tuscheln zwischen den Bankreihen während der Klassenarbeit, ob irgendjemand die Lösung für Aufgabe fünf hat. Kein echtes Ritual, aber dafür mehr Essenz und Notwendigkeit. Weniger Wasser, mehr Seele. Und manchmal genügt ein einziger Tropfen, damit der Körper wieder weiß, wo Norden ist.

Sie sehen in ihren kleinen braunen Fläschchen zunächst einmal sehr unscheinbar aus. Manchmal handbeschriftet, häufig halbleer und vergessen im hintersten Regal der schlecht sortierten Hausapotheke. Aber was sie enthalten, ist – anders als beim Tee – kein alter Zauber, sondern neue Erinnerung.

Tinkturen sind das Konzentrat der Pflanze. Nicht zerkocht, nicht verwässert, sondern eingelegt in Hochprozentigem. Sie entstehen, wenn du deiner Pflanze Zeit gibst, sich ganz hinzugeben und aufzulösen in eine andere Substanz. Alkohol wird hierbei lediglich zum Botenstoff, zum Vermittler zwischen Pflanze und Körper, zwischen Wurzel und Wirkung, zwischen Alltag und Heilkraft.

## Was ist eine Tinktur eigentlich und warum lohnt sie sich?

Während ein Tee dich sanft umarmt, arbeitet eine Tinktur leise, tief und von innen. Sie ist kein Kuscheltee, sie ist der Tropfen Weisheit, der im Inneren die Weichen neu stellen kann. Denn Alkohol kann etwas, das Wasser nicht vermag: Er zieht Wirkstoffe aus

den tiefsten Schichten der Pflanze, auch die fettlöslichen, die zartflüchtigen oder schüchternen. Und genau das macht Tinkturen so besonders geeignet für:

- lange Haltbarkeit (mindestens 2–3 Jahre)
- hohe Konzentration in kleinster Dosis
- tägliche Anwendungen, tropfenweise
- schnellen Effekt bei akuten Beschwerden
- unterwegs, in stressigen Phasen oder bei „Hab-echt-keine-Zeit-für-Tee-jetzt"-Tagen

Los geht's mit einem Crashkurs in Küchen-Alchemie. Denn du brauchst nicht viel: Eine Handvoll Pflanze (frisch oder getrocknet), hochprozentigen Alkohol – am besten mit Korn, Wodka oder Doppelkorn (Alkoholgehalt: mind. 40–50 Prozent) –, ein Schraubglas (schön sauber, trocken, durchlässig für Licht) und etwas Zeit und Urvertrauen, die Hand in Hand durch deine Küche schlendern und dir neugierig dabei zuschauen, was du da so treibst.

Die Grundmethode ist nahezu immer gleich:

1. Pflanzenteile klein schneiden, in ein Glas füllen (⅔ voll).
2. Mit Alkohol auffüllen, bis alles bedeckt ist, denn die Pflanze will nicht atmen, sie will durchziehen.
3. Glas verschließen, Etikett drauf (Name, Datum, Pflanze, Sammelort).
4. An einen kühlen und dunklen Ort stellen; nicht in den Kühlschrank, nicht ans Fenster.
5. Täglich schütteln wie ein Oxymel; aber liebevoll, nicht wie der Martini-Mixer bei James Bond.
6. Nach 3–6 Wochen abseihen und in dunkle Tropffläschchen füllen. Fertig. Blüten brauchen hierbei oft etwas weniger Zeit, Wurzeln dürfen länger ziehen.

Die Anwendung und Dosierung ist deutlich weniger Hexenwerk: Ein paar Tropfen in Wasser – und fertig. Je nach Tinktur, Situation und Pflanze zwischen 10 und 50 Tropfen, ein- bis dreimal täglich. Nie auf die Zunge, außer du magst es rustikal oder es ist eine Bittertinktur – denn die darf und soll ja bereits im Mund Signale erzeugen, die dein Gehirn direkt in den Verdauungsapparat morsen und die dort für ordentlich Aufruhr sorgen, lange bevor die Tropfen selber dort angekommen sind.

Und all das immer mit Respekt, denn Tinkturen sind keine Hexerei, sie sind immer eine hochkonzentrierte Einladung zur Selbstregulation.

### Dafür eignen sich Tinkturen besonders

Baldrian wirkt bekanntlich beruhigend und schlaffördernd. Gib ihn abends tropfenweise und nicht zu intensiv in Wasser und trink.

Johanniskraut erzeugt das Gegenteil, wirkt stimmungsaufhellend und nervenstärkend. Nimm es daher morgens und auch regelmäßig; Angst vor Gewöhnungseffekten

brauchst du keine zu haben. Allerdings solltest du dich an die Dosierung herantasten wie eine Katze an einen Schmetterling – vorsichtig, aber ohne Angst. Denn manche Menschen reagieren auf Johanniskraut mit Magen-Darm-Beschwerden wie Übelkeit, Durchfall oder Erbrechen. Andere mit leichten Hautreaktionen wie Juckreiz oder Ausschlag und einer erhöhten Lichtempfindlichkeit der Haut.

Schafgarbe wirkt verdauungsfördernd und krampflösend. Gib vor dem Essen 10–20 Tropfen in ein Glas Wasser.

Der Sonnenhut, die Echinacea, wirkt hingegen immunstimulierend und ist eine ratsame Tinktur bei Infektbeginn. Nimm nach Bedarf am besten dreimal täglich einige Tropfen.

Die entspannende und nervenberuhigende Wirkung der Melisse kennst du sicher schon vom Tee. Hier helfen Tinkturen ebenso bei innerer Unruhe, auch unterwegs.

Tinkturen sind klein, aber stark in jeder Weise. Sie sind daher nichts für kleine Kinder – schon wegen des Alkohols –, für Schwangere ebenfalls nur unter fachlicher Begleitung und für Menschen mit Alkoholunverträglichkeit entsprechend ungeeignet. In diesen Fällen bleibt wohl weiter der Tee der heimliche Star am Kräuterhimmel. Oder du greifst zu Essigauszügen, die im Grunde genauso funktionieren. Da sie aber Essig als Auszugsmaterial verwenden, sind sie geeignet für Kinder. Als Oxymel haben Essigauszüge die Welt der kräuterbewussten Ernährung gerade wieder erblickt – ich liebe diese Art der Nutzbarmachung von Kräuterkraft, weshalb ich hierauf später auch kurz eingehe.

Tinkturen sind das hochprozentige Gedächtnis der Pflanzen: Sie erinnern dich daran, dass Heilung nicht immer in Großpackungen kommen muss. Manchmal genügen 20 kleine Milliliter mit Etikett, Geschichte, Geschmack und einem Duft, der dich an einen Sommertag im Juni erinnert. Als du im Garten bei der Schafgarbe standest und sie dir leise zugeflüstert hat: „Ich bleibe bei dir. Auch im Januar."

## Oxymel. Sauerhonig mit Pflanzenkraft

Es gibt Tage, da willst du kein Glas Tee halten und keine Tropfen zählen. Da willst du nichts aufkochen, nichts zubereiten, nichts messen oder wiegen. Du willst nur kurz innehalten und etwas Gutes nehmen. Am besten selbstgemacht, nur für dich und jetzt.

Du greifst in den Vorratsschrank und holst dir deine Oxymelflasche hervor, für einen kleinen Löffel voller Wärme und Würze. Oder – so mache ich es für mein Leben gern – direkt in ein kleines Glas, wie ein Kräuterschnaps ganz ohne Alkohol, der dennoch schmeckt wie ein kleines Glücksversprechen.

Oxymel ist das Hausmittel, das sich nicht wie Medizin anfühlt, auch wenn es manchem so schmecken mag. Für mich ist es eher so etwas wie flüssige Fürsorge: eine Mischung aus Honig, Essig und Pflanze und damit bereits so alt wie das Bedürfnis des Menschen nach Stärkung, wenn Körper und Geist diese brauchen. Es gibt Oxymel nachweislich seit Hippokrates und wahrscheinlich schon viel länger. Selbst Hildegard von Bingen schätzte die Kraft der in Essig gelösten Kräuter über alles und schwor auf ihre stärkende und verdauungsregulierende Wirkung. Aber was genau ist ein Oxymel?

Es ist ein altes, sehr simples Heilmittel, dessen Name nach Apotheke klingt:

Oxy – das Saure (darum hat Sauerstoff auch das O im Periodensystem) – und Mel – der Honig. Zusammen: Sauerhonig.

Eine Essenz aus Gegensätzen, die sich umarmen. Essig weckt und beißt und aktiviert, Honig umhüllt und schützt und konserviert. Beide machen die Pflanzenkraft nutzbar, lösen sie und konservieren sie für dich. Damit ist das Oxymel so etwas wie der stille Bruder der Tinktur, nur eben ohne Alkohol, und zugleich auch der geschmackvollere Cousin des Tees, nur ohne Hitze. Und ganz nebenbei stärken und tonisieren Honig und Apfelessig deinen Körper.

Damit darf das Oxymel von all jenen genommen werden, die sensibel reagieren: Kinder, Schwangere, Genesene, Alkoholkranke. Es ist Heilung in Honigform, lange haltbar, weich und vollmundig und dennoch stark in der Wirkung. Meinem Mann habe ich morgens direkt nach dem Aufstehen einen Löffel auf nüchternen Magen „verschrieben". Das reguliert die Verdauung, stärkt Darm und Immunsystem und hilft dem Körper, den Tag nicht direkt mit einem kaffeegestressten Dauerlauf beginnen zu müssen. Ein Esslöffel in ein Glas zimmerwarmes Wasser am Morgen und dein Körper wird wachgeküsst. Warum verdünnt? Weil viele Apfelessig pur nicht vertragen und er auf Dauer deinen Zahnschmelz schädigt. Ich trinke dieses Aufwachglas inzwischen dreimal am Tag und fühle mich sehr gut damit.

Warum Oxymel heute wieder Sinn ergibt? Weil es ein Hausmittel ist, das mit der Zeit geht, ohne sich ihr zu unterwerfen. In unserer Welt voller Tabletten, Stimulanzien und

Sofortlösungen in Granulat-Tütchen erinnert Oxymel an einen ganz anderen, ursprünglicheren Rhythmus. Einen, der nicht mit Reiz und Wirkung protzt und lieber mit der Balance zwischen Süße und Säure, Alt und Neu arbeitet. Ein Oxymel lässt sich wunderbar leicht in den Alltag integrieren und selber herstellen. Du benötigst keinen Herd, keine Ausreden und keinen festen Stundenplan – nur einen guten Essig, echten Honig und Pflanzen. Die kannst du für deine Bedürfnisse ganz individuell kombinieren.

Hier kommt ein echter Klassiker – das Fire-Oxymel. Es macht deinem Immunsystem wahrlich Feuer unterm Allerwertesten. Nutze das, sobald sich ein Infekt anschleicht, und gib deinem Körper Unterstützung.

**Zutaten:**

1 Glas Honig (gern vom Imker oder „echter deutscher Honig“)
500 ml Bio-Apfelessig
Ein paar Stängel Thymian, 5–6 Blätter Salbei, frisch
2 EL frischer Ingwer
2 Knoblauchzehen, angedrückt
½ rote Zwiebel
1 EL frischer Kren
3 Scheiben Bio-Zitrone
1 Zimtstange
3 Nelken
Ein paar Hagebutten, halbiert (optional)

**So einfach:** Gib alle Zutaten in ein großes Schraubglas, verschließe es gut und schüttele, bis sich Honig und Essig verbunden haben. Das Ganze muss nun 3–6 Wochen durchziehen. Honig und Essig machen nun ihren Job und konservieren die Pflanzenkraft für dich. Deine Aufgabe: Das Glas einmal am Tag kurz schütteln, damit die Pflanzen immer wieder benetzt werden und nichts schimmelt. Nach frühestens 3 Wochen kannst du dein Oxymel abgießen, in Flaschen füllen und nun im Kühlschrank aufbewahren. Hand in Hand damit gehst du jetzt durch die nächste Erkältungssaison.

PS: Wenn der Knoblauch bläulich wird, ist er nicht schlecht.

**Einnahme:** Ein- bis dreimal täglich 1 EL in ein Glas Wasser.

**Wirkung:** Stimuliert das Immunsystem, stärkt die körpereigene Abwehr, füttert gesunde Darmbakterien.

## Smoothies. Naturapotheke im Küchen-Mixer

Es gibt Tage, da willst du keine Tropfen zählen oder esoterisch in den Etagen deines achtgeschossigen Trocknungsnetzes wühlen. Da willst du einfach alles jetzt und sofort und in Farbe! Frisch und voller Wirkung. Du bestellst „Einmal Chlorophyll zum Frühstück, bitte!“ und dein Mixer antwortet munter: „Geht los!“

Der Smoothie ist das wilde Kind der Pflanzenheilkunde. Wo Tee noch meditiert und Tinkturen noch sorgsam ziehen, tanzt und mixt er munter los, was immer du ihm in seinen nimmersatten Schlund schiebst. Und wenn du es richtig anstellst, verwandelt er deine pflanzlichen Fundstücke aus Garten, Wald und Wiese in einen Becher voll flüssigem, grünem Gold mit allem, was du brauchst: Enzymen, Mineralien, Bitterstoffen, sekundären Pflanzenstoffen, Energie und Power.

Ein guter Smoothie ist nicht einfach „grün". Er ist tiefgrün, blattgrün, wildgrün. Oder tiefrot. Nie einfach nur hübsch, sondern funktional, therapeutisch und manchmal richtig intensiv.

## Was darf hinein und warum

Smoothies sind für manche mittlerweile eine echte Religion, dabei sind sie nicht zu unterschätzen in der Vielzahl ihrer guten, aber auch weniger guten Wirkungen. Smoothies sind ehrlich, sie schmecken genauso, wie du sie behandelst: Gibst du ihnen nur Banane, wird's halt Fruchtbrei. Gibst du ihnen zu viel wilde Kraft, schießen sie dein System auf Vordermann und vielleicht auch deutlich darüber hinaus.

Was zählt, sind die immergleichen drei Grundbausteine:

Grünzeug, Flüssigkeit und fruchtige Partner.

**Grünzeug** meint hier viel mehr als nur Salat, es meint echte Medizin aus beispielsweise:

| | |
|---|---|
| **Brennnessel** | sehr eisenreich, blutreinigend und basisch |
| **Giersch** | stoffwechselanregend, entzündungshemmend |
| **Spitzwegerich** | haut- und schleimhautschützend, immunstärkend |
| **Löwenzahnblätter** | aktivierend, bitter und leberfreundlich |
| **Vogelmiere** | hautwirksam, mild entgiftend, mineralstoffreich |

**Flüssigkeit** heißt am besten Wasser, Pflanzenmilch oder ein Schuss abgekühlter Kräutertee.

**Früchte** meint Banane, Apfel, Birne, Beeren und wonach auch immer dir gerade der Geschmackssinn steht. Sie runden ab, balancieren die Bitterkeit und machen das Ganze süß und schmackhaft. Aber bitte wenig davon. Deine Leber wird es dir danken!

Jetzt noch einen Löffel Leinöl oder Hanfsamen und die gesunden Fette darin machen die fettlöslichen Pflanzenstoffe überhaupt erst bioverfügbar für dich und deine Wirkstoffaufnahme.

Und wo genau ist nun das Aber?

Direkt in deinem Glas!

Denn wie so oft im Leben ist Balance einfach alles.

Zu viel Frucht bringt schnell einen ungewollten Blutzuckerschock, den dir deine Leber übel nehmen

kann. Bei zu viel Grün wiederum klopft die Pflanzenwirkung ungewollt energisch an deine gesamte Verdauung wie ein vergessener Kunde nach Ladenschluss an die Schaufensterscheibe – aber von innen.

Bei zu viel Mixen gehen zudem wichtige und lebensnotwendige Ballaststoffe verloren und zu viel Fruchtzucker erzeugt eine zu hohe Kalorienzufuhr bei nur geringer Sättigung. Die Magie liegt in der Mitte und im Geschmackstest vor dem Servieren. Nimm als Einsteiger einfach die Faustregel: ein Drittel Grün, ein Drittel mildes Obst, ein Drittel Flüssigkeit. Nach und nach kannst du das Grün erhöhen, wenn dein Gaumen nicht mehr nach püriertem Sirup, sondern nach Wald und Wiese schreit.

## Heilen und Wirken

Ein Wildkräuter-Smoothie kann alles sein:

- Ein Entgifter mit Löwenzahn, Brennnessel und Petersilie
- Ein Beruhiger mit Melisse, Lavendelblüten und Hafer
- Ein Immunbooster mit Vogelmiere, Hagebuttenpulver und Zitrone
- Ein Hormonfreund mit Rotklee, Schafgarbe und Apfel
- Ein Muntermacher mit Giersch, Minze, Apfel und Ingwer

Und wenn du zu viel übrig hast, kannst du Smoothies auch problemlos einfrieren, zum Beispiel als Eiswürfel für grüngesunde Kühlakkus im Sommercocktail. Oder du verwandelst den als Smoothie gestarteten Kräutermix mit Toppings wie Nüssen, Blüten, fermentiertem Gemüse und einem gekochten Ei zu einer leckeren Bowl.

Fortgeschrittene wagen sich ans Fermentieren als Teil von Pflanzendrinks oder Kombucha-Mischungen.

Wildkräuter im Smoothie sind wie Freundinnen, die dich nicht schonen, sondern stärken. Anders als ein Tee sagen sie nicht: „Mach mal langsam." Sie geben deinem Körper, was er verdient, und lachen dir ein „Ich bin da!" ins Gesicht.

Sie versorgen dich wie eine Umarmung von innen mit Dingen, die in keiner Tablette stecken, egal was dich die noch so bunten Werbeclips glauben machen wollen.

Dafür aber mit lebendigen Enzymen, chlorophyllgesättigter Vitalität, Licht, Wind, Bewegung und einer guten Portion Juni. Das kann keine Kapsel, Giersch kann das schon. In einem Glas am Morgen, das dir Energie gibt, noch bevor sich die Kaffeedose schmollend hinter der Kaffeemaschine verstecken kann.

## Wickel, Auflagen und Umschläge. Pflanzen zum Anfassen

Manche Pflanzen wirken am besten, wenn sie dich berühren dürfen. Und zwar nicht durch den Magen oder metaphysisch im Herzen, sondern echt. „Mama, in Wirklichkeit", wie meine Tochter sagen würde; direkt durch die Haut. Wie eine Hand auf der Stirn, wenn du Fieber hast – oder wie eine Wärmflasche auf dem Bauch, wenn dich das Leben zwickt.

Die moderne Werbewelt spricht dann gern mal von transdermalen Pflastern, Schmerzsalben oder kühlenden Gels. Aber dein Urgroßvater kannte bereits ein Mittel, das wirkt und dabei nicht nach Chemie riecht: den Wickel.

Wickel, Auflagen und Umschläge sind Teil einer alten Heilkunst mit erstaunlich direkter Wirkung. Sie entgiften, beruhigen, durchwärmen und stimulieren, bringen Feststeckendes in Fluss und das alles mit einem Tuch, einem Heilkraut und ein bisschen Geduld. Ganz ohne WLAN-Passwort und Beipackzettel, einfach nur durch Pflanzenkuscheln und Körperkontakt.

### Der kleine Unterschied

Wickel, Auflage oder Umschlag – die Übergänge sind fließend. Hauptsache, die Pflanze hat Kontakt und du gibst ihr Raum zu wirken.

| | Was ist das? | Was kann es? |
|---|---|---|
| Wickel | mehrschichtige Anwendung mit Tüchern und Wirkstoff (warm, kalt, neutral) | Wadenwickel bei Fieber, Leberwickel mit Schafgarbe. |
| Auflage | direktes Auflegen von Pflanzenmaterial oder Brei auf Haut oder Stoff | Quarkauflage bei Sonnenbrand, Zwiebelauflage bei Ohrenschmerz. |
| Umschlag | einfaches, in Wirkstoff getränktes Tuch um ein Körperteil gelegt | Kamillenumschlag bei Gelenkschmerzen. |

Kräuterwickel sind eine wohltuende, natürliche Alternative zu allem, was du schlucken musst. Verspannte Muskeln, müde Gelenke oder nervöses Gemüt (Moment mal, beschreibe ich da gerade meinen Mann?) – die grünen Helfer wissen, was zu tun ist.

Lavendel etwa schenkt dir bei Husten und innerer Unruhe sanfte Entspannung. Während Schafgarbe der Leber liebevoll unter die Arme greift. Und wer hätte gedacht, dass ein einfacher Krautwickel wahre Wunder bei Arthrose wirken kann? Je nachdem, welche Wild- und Heilkräuter ins Tuch kommen, entfalten sich unterschiedliche Kräfte: desinfizierend, durchblutungsfördernd, schmerzlindernd oder stoffwechselanregend. Zugegeben, ein wirklich altes Hausmittel, aber aktueller denn je.

Lass uns mal exemplarisch im Kräuterkatalog blättern und schauen, wer nun was genau kann:

- Schafgarbe: entzündungshemmend, krampflösend, ideal für Bauch und Unterleib
- Leinsamen: schleimig-weich, innerlich wie äußerlich gut bei Reizungen
- Thymian: durchwärmend, schleimlösend, bei Husten auf die Brust
- Quark: ja, kein Kraut, aber der Klassiker, kühlend, entzündungshemmend
- Spitzwegerichbrei: Wundheilung, Insektenstiche, sogar bei Verbrennungen
- Salbei oder Kamille: antibakteriell, entzündungshemmend – top bei Hals- oder Hautthemen

Warm oder kalt? Das entscheidet dein Körper! Kalte Wickel ziehen Hitze ab, senken Fieber und aktivieren den Kreislauf. Warme Wickel entspannen, lösen Verkrampfungen, bringen die Durchblutung in Schwung. Und ganz neutral bei Körpertemperatur bieten sich Wickel bei empfindlichen Menschen oder chronischen Themen an.

**Das kleine Wickel-Einmaleins**

Es gilt generell die Faustregel: Kälte für Akutes und Entzündliches, Wärme für Chronisches.

Du brauchst drei Tücher: Die Innenschicht aus Baumwolle oder Leinentuch, getränkt in Tee, Aufguss oder Pflanzenbrei. Die Zwischenschicht ist einfach ein Handtuch, das dicht hält und durchleitet. Als Außenschicht zum Beispiel ein Wolltuch oder einen Schal, der die Wärme hält.

Zwei Beispiele:

**Leberwickel mit Schafgarbe**
Schafgarbentee zubereiten, Baumwolltuch darin tränken, warm auf den rechten Oberbauch legen, fixieren. 30–45 Minuten ruhen und nachspüren.

**Brustwickel mit Thymian**
Thymianaufguss zubereiten, Mulltuch darin tränken, auflegen, mit Handtuch und Wolltuch fixieren. 20 Minuten wirken lassen, inhalieren und entspannen.

Noch mehr Anwendungstipps für den Alltag? Okay, los geht's:

**Kind krank, Nase läuft, Welt zerfließt?**
Zwiebelauflage aufs Ohr, Brustwickel mit Thymian und dazu: unbedingt warme Füße!

Die Zwiebel kann man übrigens in Scheiben oder kleinen Würfeln in eine alte Wollsocke stopfen, so lässt sich der Wickel auf dem Ohr gut formen. Zum Fixieren habe ich bei unserer Tochter mal einen alten Audio-Kopfhörer meines Mannes entfremdet und sie lief damit den ganzen Tag herum! Hielt wunderbar und er vermisst den Kopfhörer bis heute nicht.

**Zykluswildnis im Bauch?**
Schafgarbenwickel + Wärmflasche + 30 Minuten Zeit für dich allein.

**Verspannter Nacken nach Zoom-Marathon?**
Lavendelöl, heißes Tuch, Nackenumschlag – und bitte keinen Bildschirm mehr heute.

**Zu viel und zu spät gegessen?**
Bauchwickel mit bitterem Tee (Beifuß, Wermut), stilles Wasser, viel Wärme und morgen ist alles wieder gut.

All diese Heilkraft durch Hautkontakt ist immer einfach, sinnlich und wirksam. Der Wickel ist damit vielleicht die innigste Form pflanzlicher Zuwendung und so ziemlich das Gegenteil der groben Übergriffigkeit der Brennnessel, wenn sie dir beim Blumenpflücken hinterlistig in die Finger beißt. Aber er erinnert deinen Körper auch daran, dass nicht alles, was heilt, geschluckt werden muss. Manches darf auch einfach nur auf deiner Haut sein – und wirken.

**Wildkräuter in der Küche. Vom Blättchen zum Braten**

Wildkräuter sind keine Beilage, sie sind eine Haltung. Sie wachsen nicht in Reih und Glied, sie tanzen mit dem Wind und tanken die Kraft der Elemente. Wenn du sie in die Küche holst, dann holen sie dich zurück zu einem Geschmack, der nach Erde, Licht und Leben schmeckt.

Denn Wild- und Heilkräuter sind Pflanzen mit Geschichte. Sie mussten sich durchsetzen gegen Wind, Sonne, Schnecken, Ziegen auf der Wiese und Menschen, die der Meinung sind, sie seien Unkraut. Und genau diese Widerstandskraft schmeckst du. Sie sind manchmal hundertfach nährstoffreicher als ihre hydrokultivierten Verwandten; sie enthalten mehr Bitterstoffe, mehr sekundäre Pflanzenstoffe, mehr Eigensinn. Und sie bringen ganz nebenbei Pflanzenheilkunde und allerlei Wunderwirkungen auf deinen Teller. Ohne Kapsel, ohne Rezept, einfach so beim Mittagessen.

Zugegeben, sie haben allesamt nur wenig das Zeug dazu, eine dauerhafte Hauptmahlzeit zu werden oder auf vier Metern Länge ihren eigenen Bereich am Hotel-Buffet an der Costa Brava zu erhalten. Aber sie drängen sich auf, sie mischen sich ein und erkämpfen sich ihren Platz auf den Speisekarten. Und wenn schon nicht im Restaurant, dann doch wenigstens in deiner eigenen Kräuterküche. So, als ob Mutter Natur selbst am Schnibbelbrett steht und aus der Küche ruft: „Essen ist fertig!“

Um es in gut verdauliche Häppchen zu teilen, gliedere ich dir das riesige Thema „Kochen mit Wildkräutern“, das allein Bände füllen würde, in vier kulinarische Spielarten.

**Die Streuselphase**

Die Streuselphase ist der Salto mortale für Küchenneulinge mit einem Korb voller gesammelter Ideen. Mutig, ungeplant und köstlich. Und so ziemlich die einfachste Art, Wildkräuterkraft zu verwenden.

Du pflückst, du wäschst, du hackst – und dann? Dann streust du das wilde Glück einfach über alles, was eh schon auf dem Teller ist.
Versuch mal Gänseblümchen über Salat, Vogelmiere in der Bowl oder Pimpinelle auf Frischkäse.

Taubnesseln auf Butterbrot? Unterschätzt lecker! Suppen mit einem Schwung Gundermann, Sauerampfer oder Kerbel? Hmmmm, so gut.

Für Brotbeläge und Aufstriche natürlich Löwenzahnblätter, Taubnesseln, Giersch oder Bärlauch.

Und das alles – einzeln oder zusammen mit Brennnessel, Giersch, Japanischem Schnittlauch, Minze oder Oregano – macht in einem Quark, einer Kräuterbutter oder im Hummus deine Brotzeit zu einer botanischen Gaumenreise.

Aber Achtung: Wildkräuter in der Küche immer sparsam dosieren, sie haben Charakter! Manche davon sind geschmackliche Diven und haben das Zeug dazu, mit ihrem bloßen Tritt durch die Tür die gesamte Party zu sprengen und die Gäste zu vergraulen wie die ungeliebte Nachbarin, die zum Grillfest zwar eingeladen wurde, bei der aber jeder hofft, dass sie nicht kommt. Dosiere deine Wildkräuter also wie Schwiegermütter bei Familienfesten: mit Liebe, aber mit Augenmaß.

**Die Pesto-Phase**

Ich gebe zu, diese Phase hat mich irgendwann auch überrannt und jedes noch so kleine oder große Glas in unserem Haus musste dafür herhalten, einen heißen Gang im Geschirrspüler zu überstehen und im Anschluss befüllt zu werden mit mancherlei Kräuter-Knallern, Basilikum-Bomben und Mörser-Magie. Und eigentlich auch niemals, ohne dass ich mich dabei von oben bis unten bekleckere.

Denn wenn Grünzeug auf Öl trifft, flippen alle aus. Wildkräuter lieben Öl wie Lavendel die Sonne. Sie baden ihre Wirkstoffe förmlich im Öl und lösen sich wohlig hinein. Und das Ergebnis ist eine Kräuterpaste, die gleichzeitig Heilerin, Verführerin und Kraftpaket ist. Einfach zwei Hände Wildkräuter, etwas Nuss- oder Pinienkerne, ordentlich gutes Öl, ein Spritzer Zitrone und vielleicht, wer es mag, einen Hauch Käse. Dann ab in den Mixer und du kannst deinen „Sommermorgen im Glas“ direkt verwenden. Zum Löffeln, Streichen, Verlieben.

Aufs Brot, auf Nudeln, auf Salate, zum Würzen, zum Verfeinern oder für den Pepp auf schüchternem Ziegenkäse. Und ja, Pesto darf man auch direkt aus dem Glas essen. Niemand schaut zu, außer vielleicht der Giersch.

**Die Kochphase**

Wenn es heiß wird, können Kräuter zeigen, was sie können. Also ab in die Pfanne, in den Topf oder ins Ofenglück. Denn viele Kräuter gewinnen erst beim Garen an Geschmack, Tiefe und Bedeutung. Sie entwickeln Aromen, die roh nur zu erahnen sind.

Kurzer Ausflug nach Asien. Hier werden Salate und Kräuter generell nur selten roh verzehrt. Stattdessen werden sie traditionell kurz im Wok gebraten, blanchiert oder gedämpft, um sie zu garen und die Nährstoffe, Aromen und leicht verdauliche Speisen zu erhalten. Denn machen wir uns nichts vor: Für unseren Darm ist alles aus Pflanzenfasern immer wie ein kurzer Besuch im Fitnessstudio.

Zurück an den heimischen Herd. Hier werden Brennnesseln in einer cremigen Suppe wie Spinat verarbeitet, nur mit einem Sechser mit Zusatzzahl im Nährstofflotto. Giersch in Gemüse- oder Fleischbratlingen ist die pfeffrige Alternative zu Petersilie. Und wenn du einmal Vogelmiere in der Quiche ausprobiert hast, wirst du deinen Gemüsekuchen niemals wieder ohne sie backen. Den Duft von Löwenzahn kannst du übrigens karamellisieren! Dann duftet deine Küche wie ein Spaziergang im August. Kurz bevor der Sommer sagt: „Ich bleib' noch ein bisschen."

Wichtig: Nicht alles kann, will und darf heiß werden. Beinwell und Huflattich sind hierbei wieder die Diven-Kräuter: Sie darfst du verwenden, aber nicht jeden Tag, nicht in Unmengen und nicht als Dauergast im Ofen.

Die jungen Blätter des Huflattichs schmecken mild-nussig und machen auch als Füllung in der Roulade Spaß. Und Beinwell ist zwar eine wunderbare Heilpflanze mit schmerzlindernden und entzündungshemmenden Eigenschaften, gerade bei Muskelschmerzen und Gelenkbeschwerden – aber ihr hoher Gehalt an sogenannten Pyrrolizidinalkaloiden (das sind natürliche chemische Verbindungen, die die Pflanze als Schutz vor Fressfeinden bildet) kann bei übermäßigem Verzehr schädlich für die Leber werden und steht sogar im Verdacht, krebserregend zu sein. Da siehst du mal wieder – nur weil selbsternannte Pflanzenexperten überall von den phytologischen Geschenken der Natur schwärmen wie ich als Teenie von Robbie Williams, heißt das noch lange nicht, dass wir unvorsichtig werden dürfen, vor allem in der Kräuterküche.

**Die Vorratsphase**

Du hast gesammelt, gekocht, gegessen und plötzlich bleibt was übrig. Großartig!

Zeit für haltbar gemachte Liebe in Gläsern. Denn wer Wildkräuter wirklich liebt, denkt beim Pflücken und Sammeln im gesunden Mai bereits an den hustenden und niesenden November.

Und es gibt so wunderbar viele Möglichkeiten, die Kraft deiner Kräuter einzufangen, zu bändigen und wegzusperren, bis du sie brauchst:

| | |
|---|---|
| **Kräutersalz** | Das ist nicht Salz, das ist Gewürz mit Seele. |
| **Ölauszüge** | Ein Kräuter-Spaziergang für die Haut. |
| **Essig mit Blüten** | Salat für die Lachmuskeln. |
| **Trockenkräuter** | Für den Brotbacktag, den Erkältungstee, den „Ich brauch jetzt was Gesundes"-Moment später im Jahr. |

Kochen mit Wildkräutern ist kein Trend, es ist Rückverbindung pur. Zu dir, zur Erde, zur Lust am Geschick und in Vorfreude auf Gesundheit.

Denn jede Taubnessel auf deinem Butterbrot erzählt eine Geschichte von Wind, Sonne und mutigem Überleben. Die Helden ihrer Geschichte heißen Schleimstoffe, ätherische Öle, Gerbstoffe, Saponine, Flavonoide, Aminosäuren, Kohlenhydrate, Cholin und Histamin. Gemeinsam erleben sie spannende Abenteuer mit ihren Freunden namens Kalium, Kalzium, Eisen, Magnesium, Phosphor, Bor, Zink, Kupfer und Schwefel.

All das in nur einer einzigen, viel zu oft übersehenen und unterschätzten kleinen Taubnessel.

Und wenn du sie isst, wirst du ein Teil dieser Geschichte.

Ein bisschen wilder.
Ein bisschen gesünder.
Ein bisschen mehr du.

# 24 WICHTIGE HEILPFLANZEN FÜR STOFFWECHSEL UND IMMUNSYSTEM IM PFLANZENPORTRAIT

Willkommen in meinem eigenen wilden Heilgarten. Und was ich selbst nicht habe, finde ich in den Wiesen und Wäldern um meinen alten Bauernhof herum. Die vielen Geschichten, die uns die Heil- und Wildkräuter erzählen, haben ebenso viele Ursprünge und Wünsche an Standort, Boden, Wasser und Nachbarn. Deshalb zeige und beschreibe ich dir hier auch jeweils die Stellen, an denen du dich auf die Pirsch begeben kannst, und welche botanischen Hinweise, sogenannte Zeigerpflanzen, dir den genauen Standort verraten könnten.

**24 Pflanzen. Jede ein eigener kleiner Kosmos**

Einige schmeicheln deinem Körper weich und harmonisch, andere konfrontieren ihn rau und unerzogen wie ein Hundewelpe, wenn er das erste Mal deinen Hausschuh erlegt hat. Aber egal, wie sie dich greifen – alle erinnern daran, wie reich die Natur vor deiner Haustür ist. Sie sind keine grünen Pillen, sie sind Begleiter und wirken, wenn du ihnen Raum gibst. Und sie erinnern dich an etwas sehr Ursprüngliches: dass Heilung nur selten lauter ist als das Leben selbst. Meist sogar um vieles leiser. Los geht's.

## ACKERSCHACHTELHALM (*Equisetum arvense*)

Er wirkt wie aus der Urzeit gefallen – und das ist er auch. Einer der ältesten Pflanzenvertreter auf Erden, ein Lebewesen aus dem Erdzeitalter der Dinosaurier, ein Urzeitgewächs mit der Anmutung eines Miniaturbambus und einer Wirkung wie ein innerer Frühjahrsputz. Wegen seiner Fähigkeit, Kieselsäure aus dem Boden zu ziehen, wurde er einst als Zinnkraut zum Putzen von Töpfen berühmt, doch seine wahre Größe zeigt seine Wirkung auf unser Inneres: Gewebeaufbau, Zellregeneration, Ausscheidung – das sind seine wichtigsten Skills. Einst dreißig Meter hoch und mit einem Stammdurchmesser von einem Meter, hockt er heute versteckt zwischen Halmen oder äugt – wie bei uns – vorsichtig durch den Sand unterm Klettergerüst auf dem Spielplatz im Dorf hervor.

**KENNZEICHEN:**
Wedelartige Triebe, segmentiert wie kleine Teleskoparme, keine Blüten, keine Blätter, eine rein funktionale Ästhetik
**Achtung:** Verwechslungsgefahr mit dem giftigen Sumpfschachtelhalm!

**WIRKSTOFFE:**
Kieselsäure, Flavonoide, Kaliumsalze, Saponine

**EINSATZGEBIETE:**
Entwässernd, stoffwechselanregend, hautstärkend, hilfreich bei rheumatischen Beschwerden und schwachem Bindegewebe

**FUNDORTE & BIOTOP:**
Trockene Standorte, Wiesen, Waldränder, Äcker, sandige Untergründe

**ZEIGERPFLANZEN:**
Brennnessel, Schafgarbe, Gräser, Klee

**ZUBEREITUNG:**
Als Tee (Aufguss oder sanfte Abkochung), auch als Badezusatz für Haut und Haare

## BALDRIAN (*Valeriana officinalis*)

Zugegeben, er riecht für viele etwas gewöhnungsbedürftig. Sein Duft ist wie ein alter Umhang aus vergorenen Blüten und modrigem Moos. Ich liebe ihn! Aber wer unter Nervosität litt, wusste schon früher: Baldrian ist der heimliche Nachtwächter der Naturheilkunde. Er beruhigt, ohne zu betäuben, und hat die stille Autorität eines Großvaters mit Pfeife im Sessel.

Baldrian ist – anders als viele befürchten – eben nicht die schlafbringende Abrissbirne, er ist eher ein besonnener Nachtwächter. Er beruhigt dich, er betäubt dich nicht. Somit ist er ein Klassiker der Pflanzenheilkunde und nicht umsonst seit Jahrhunderten in nahezu jeder Hausapotheke vertreten. Besonders in stressgeplagten Zeiten, in denen das Einschlafen schwerfällt und das Durchschlafen ein Traum wäre.

**KENNZEICHEN:**
Gefiederte Blätter, hellrosa bis weißliche Doldenblüten, bis zu 1,5 m hoch und sehr auffällig im Geruch aus der Wurzel

**WIRKSTOFFE:**
Ätherische Öle, Valepotriate, Alkaloide

**EINSATZGEBIETE:**
Einschlafstörungen, Nervosität, Herzklopfen, Prüfungsangst

**FUNDORTE & BIOTOP:**
Feuchte Wiesen, Uferzonen, Bachränder; liebt humusreiche, nährstoffreiche Böden

**ZEIGERPFLANZEN:**
Beinwell, Wiesenschaumkraut, Mädesüß, Schlangenknöterich

**ZUBEREITUNG:**
Wurzel als Tinktur oder Tee (aufgießen, nicht kochen – wirkt sonst eher gegenteilig!). Die Blätter schmecken übrigens wie Feldsalat. Köstlich!

## BEIFUß (*Artemisia vulgaris*)

Der scharfduftende Königsweg der Frauenheilkunde und Magenfreude. Er steht nicht auf dem Feld, er thront und überblickt in sichtbarer Mächtigkeit stabil auf einem beinahe hölzernen Fuß. Beifuß ist eine Räucherpflanze, Wegbegleiter und Verdauungstrainer – also viel mehr als nur ein altes Würzkraut.

*Artemisia vulgaris* ist sein lateinischer Name, benannt nach der Göttin Artemis, der griechischen Göttin der Jagd, des Waldes, der wilden Tiere, des Bogenschießens und des Mondes, Beschützerin der jungen Mädchen und Frauen und oft dargestellt mit Bogen, Pfeilen und Hirsch.

Er ist wild, weise, bitter, befreiend und ein pflanzlicher Begleiter für Übergänge – sei es die Menstruation oder einfach nur der mächtige Sonntagsbraten.

**FUNDORTE & BIOTOP:**
Trockene, sonnige Böschungen, Wegränder (er wächst „bei Fuß"!), Bahndämme; liebt durchlässige, kalkhaltige, karge Böden

**ZEIGERPFLANZEN:**
Johanniskraut, Schafgarbe

**ZUBEREITUNG:**
Tee, Tinktur, Räucherwerk (z. B. zum Ausleiten, bei Jahreskreisfesten oder zur Raumklärung)

**KENNZEICHEN:**
Hohe, aufrecht stehende Staude, bis zu 2 Meter groß; rötlich-violetter, stabiler Stängel; silbrig-weiße Blattunterseiten; aromatisch, beinahe medizinisch im Duft; blüht unauffällig von Juli bis September

**WIRKSTOFFE:**
Ätherische Öle, Bitterstoffe, Flavonoide

**EINSATZGEBIETE:**
Verdauungsfördernd, menstruationsregulierend, wärmend, entkrampfend

## **BRENNNESSEL** (*Urtica dioica*)

Sie brennt, zwickt, kratzt und wehrt sich – aber sie heilt. Kaum eine Pflanze ist so unterschätzt wie diese Nährstoffgranate mit ihren stacheligen Liebesbeweisen. Die grüne Rebellin mit Eisenherz hat einen schlechten Ruf, aber einen der nährstoffreichsten Lebensläufe in der heimischen Flora. Sie ist eine botanische Wundertüte: entgiftend, eisenstark, stoffwechselaktivierend und ein echter Zell-Booster, trotz oder gerade weil sie so wehrhaft ist.

**KENNZEICHEN:**
Spitze, gezahnte Blätter, gegenüberstehend; Brennhaare an Stängel und Blättern; blüht von Juni bis September und ist zweihäusig, es gibt also Männlein und Weiblein

**WIRKSTOFFE:**
Eisen, Kalium, Kieselsäure, Flavonoide, Histamin

**EINSATZGEBIETE:**
Blutreinigend, harntreibend, stoffwechselaktivierend, hilfreich bei Gelenkproblemen und Frühjahrsmüdigkeit

**FUNDORTE & BIOTOP:**
Überall! Besonders stickstoffreiche Böden, Kompostplätze, Gartenränder

**ZEIGERPFLANZEN:**
Giersch, Melde, Taubnessel

**ZUBEREITUNG:**
Frisch in Smoothies, als Tee, Suppe, Gemüse, Tinktur oder Wildspinat – ein echtes Superfood

## FRAUENMANTEL (*Alchemilla vulgaris*)

Ihr Name klingt nach Romantik, Blütenzauber und Märchenwiese, dabei ist sie eine Heilpflanze mit Rückgrat. Und ihr Name ist Programm: eine Pflanze für das zyklische Wesen im Menschen. Weiblich, weich, regulierend und dabei erstaunlich kraftvoll – eine sanfte Kriegerin unter den Kräutern. Wie ein schützender Umhang legt sie sich über den weiblichen Zyklus, umhüllt und reguliert.

Und hast du je die Tautropfen gesehen, die sich auf den gefalteten Blättern sammeln? Wie kleine Juwelen liegen sie da und stammen nicht vom Regen, sondern direkt aus der Pflanze und werden Guttationstropfen genannt, die die Pflanze selbst ausscheidet. Sie wurden in der Vergangenheit von Alchemisten als „Zaubertropfen“ für ihre Experimente gesammelt und wegen ihrer magisch-beruhigenden Aura verehrt. Und in der Phytotherapie sind sie ein echtes Highlight für hormonelle Balance.

**KENNZEICHEN:**
Weiche, gefaltete, rundliche Blätter mit gezahntem Rand; kleine, gelbgrüne Blüten; wächst in feinen und dichten Polstern und blüht von Mai bis September

**WIRKSTOFFE:**
Gerbstoffe, Flavonoide, Bitterstoffe

**EINSATZGEBIETE:**
Zyklusregulation, PMS, Wechseljahresbeschwerden, leberunterstützend

**FUNDORTE & BIOTOP:**
Feuchte Wiesen, Waldränder, Alpenhänge

**ZEIGERPFLANZEN:**
Waldmeister, Mädesüß, Giersch

**ZUBEREITUNG:**
Tee, Tinktur, auch in Sitzbädern bei Unterleibsthemen

## GIERSCH (*Aegopodium podagraria*)

Giersch kommt, ob du willst oder nicht. Er fragt nicht, er wächst einfach, und ist dabei im Garten kaum totzukriegen. Deshalb ist er Unkraut für die einen, Superfood für die anderen. Giersch ist die grüne Revolution im Garten. Vitaminreich, basisch, entzündungshemmend und sein vehementes Wachstum ist vielleicht seine größte Kraft. Er zeigt uns, wie ungebremstes Wachstum aussehen kann und dass Wildheit immer auch Ausdruck von Kraft ist.

Früher sagte man: Wer Giersch im Garten hat, braucht keine Apotheke. Das ist kein schnödes Marketing, das ist reale Geschichte. Die Römer aßen ihn bereits, Hildegard von Bingen verehrte ihn und wer heute das erste Mal Giersch im Pesto verarbeitet, der weiß: Das schmeckt energisch, kraftvoll und nach Petersilie!

**KENNZEICHEN:**
Geduckt unter Bäumen und Büschen, aber auch auf Wiesen; dreigeteilte Blätter, gezackt, fast wie ein Drachenschweif; weiße Doldenblüten im Sommer

**WIRKSTOFFE:**
Vitamin C, Eisen, Kalium, ätherische Öle

**EINSATZGEBIETE:**
Gicht, Rheuma, Frühjahrskuren, basenbildende Ernährung

**FUNDORTE & BIOTOP:**
Halbschattige Gärten, Waldränder, Gehölzsäume; liebt nährstoffreiche, feuchte Böden

**ZEIGERPFLANZEN:**
Gundermann, Vogelmiere

**ZUBEREITUNG:**
Frisch in Smoothies, Suppen, Pesto, auch getrocknet als Tee

## GUNDERMANN (*Glechoma hederacea*)

Ein kriechender Alleskönner mit violetten Lippenblüten. Antibakteriell, ausleitend, sanft und mit einer tiefen Verbindung zum Atemsystem. Er ist so etwas wie das Bodendecker-Genie der Wildkräuter; kaum jemand kennt ihn wirklich, aber wer ihn einmal verwendet hat, vergisst ihn nie. Sein Wuchs ist klein und leise, seine Erscheinung unscheinbar. Doch er wirkt! Tiefreinigend, schleimlösend, entzündungshemmend – und das alles ziemlich stark für seine kleine Statur. In alten Kräuterbüchern galt Gundermann als „Wundenheiler und Eiterzieher". Fürwahr kein besonders glamouröser Titel, aber seinerzeit verdammt wichtig.

Seine ätherischen Öle duften wie eine Mischung aus Waldboden, Minze und Morgensonne, und als kleiner Napoleon unter den Wiesenkräutern wird er ob seiner Größe gern übersehen oder unterschätzt. Zu Unrecht.

**KENNZEICHEN:**
Kleine, rundlich gezahnte Blätter mit Ausläufern; violett-blaue Lippenblüte; geduckt wachsend in Bodennähe, oft flächendeckend eines der ersten Wildkräuter im Jahr; blüht von Mai bis Juni

**WIRKSTOFFE:**
Ätherische Öle, Bitterstoffe, Gerbstoffe

**EINSATZGEBIETE:**
Atemwegserkrankungen, Entgiftung, Schwermetallausleitung

**FUNDORTE & BIOTOP:**
Feuchte, halbschattige Standorte, unter Hecken, auf Wiesen

**ZEIGERPFLANZEN:**
Vogelmiere, Taubnessel, Giersch

**ZUBEREITUNG:**
Tee, Wildkräuterbutter, in Salaten – mit Maß! Schokoliert als „Wiesen-After-Eight"

## SCHWARZER HOLUNDER (*Sambucus nigra*)

Schwarzer Holunder ist wie eine alte Großmutter: warm, weise und immer zur Stelle, wenn's im Hals kratzt oder die Welt ein bisschen zu viel ist. Seine Blüten sind wie ein zarter Trost, seine Beeren kraftvolle Helfer. Und doch braucht er Bewusstsein und Achtsamkeit beim Verwenden.

Er steht am Rand, aber nie am Rande. Holunder ist kein stilles Kraut, sondern ein Strauch mit Aura und Mystik, und wer einen Holunder im Garten hat, der hat die Apotheke vor der Tür, so hieß es früher. Man sprach mit ihm, bevor man ihn schnitt, und bat um Hilfe vor dem Pflücken seiner Blüten und Beeren. Einen Holunder zu vernichten, brachte Unglück über Haus und Hof.

Er ist ein Strauch, der Schleim löst, Fieber senkt, die Immunkraft hebt – und dich immer daran erinnert, dass Heilung oft duftet, bevor sie wirkt.

Holunder heilt nicht nur körperlich, er wärmt und tröstet, wie nur Großmütter es können: wenige Worte, ganz viel Wirkung.

**KENNZEICHEN:**
Großstrauch bis 7 m Höhe; hohle, leicht brüchige Zweige; gefiederte Blätter; tellerförmige weiße Blütendolden im Mai und Juni; schwarze Beeren im Spätsommer

**WIRKSTOFFE:**
Flavonoide, ätherische Öle, Schleimstoffe, Anthocyane (in den Beeren)

**EINSATZGEBIETE:**
Erkältung, Fieber, Immunstärkung; schweißtreibend, entzündungshemmend

**FUNDORTE & BIOTOP:**
Hecken, Waldränder, Hofnähe; er liebt stickstoffreiche, geschützte Standorte, nicht zu trocken

**ZEIGERPFLANZEN:**
Brennnessel, Kletten-Labkraut

**ZUBEREITUNG:**
Blütentee, Sirup, Beerenmus, Tinktur
**Achtung:** rohe Beeren sind schwach giftig, nicht in großen Mengen essen; immer 15 Minuten kochen, damit das Gift entweicht.

## JOHANNISKRAUT (*Hypericum perforatum*)

Wenn Licht zur Pflanze wird – dann ist es Johanniskraut. Es speichert Sommersonne in Öldrüsen und leuchtet von innen, besonders wenn die Seele im Nebel steht. Goldene Blüte, leuchtend, zart. *Hypericum perforatum*, benannt nach seinen durchlöcherten Blättern, die in Wahrheit voller Inhaltsstoffe und Kraft stecken.

Johanniskraut wächst dort, wo Licht ist, um genau dieses zu speichern – für Tage, die zu schwer, zu grau oder zu voll geworden sind. Johanniskraut ist mehr als ein pflanzliches Antidepressivum; es ist in Form, Farbe und Wirkung die kleine Schwester der Sonne an Johannis.

**KENNZEICHEN:**
Kleine, goldgelbe, fünfzählige Blüten; ölig durchwirkte Blätter mit Lichtpunkten; färbt sich rot beim Zerreiben; blüht um den 24. Juni (Johannistag, daher der Name)

**WIRKSTOFFE:**
Hypericin, Hyperforin, Flavonoide, ätherische Öle

**EINSATZGEBIETE:**
Leichte bis mittlere Depression, Nervenschmerzen, Hautverletzungen

**FUNDORTE & BIOTOP:**
Sonnige Hänge, Wegränder, karge Böden, große Wiesen

**ZEIGERPFLANZEN:**
Schafgarbe, Beifuß

**ZUBEREITUNG:**
Rotöl (mazeriert), Tee (innerlich bei Niedergeschlagenheit), Tinktur – Achtung: Macht die Haut lichtempfindlich, aber heilt zugleich.

## KÖNIGSKERZE (*Verbascum thapsus*)

Wie eine Kerze auf dem Altar der Lunge. Die Königskerze steht kerzengerade und majestätisch am Wegesrand. Sie wirkt, als wüsste sie um ihre Aufgabe: trösten, lösen, beruhigen – Atem, Haut, Seele. Und als hätte sie im Sommer selbst das Sonnenlicht eingesammelt, leuchten ihre goldgelben Blüten wie Kerzen auf einem vielarmigen Leuchter. Sie ist ein Lungenkraut erster Güte, ein Balsam, ein Stimmenschmeichler. Zart und gleichzeitig voller Kraft, sanft zum Gewebe, aber radikal in der Wirkung. Wenn du eine dieser samtweichen Blüten oder das pelzige Blatt zwischen den Fingern zerreibst, ahnst du die stille Kraft dahinter.

**KENNZEICHEN:**
Dieses Braunwurzgewächs wird bis zu 2 m hoch; samtige Blätter; gelbe Blüten in dichter Ähre; aufrechter Stängel; sehr bienenfreundlich; blüht erst ab dem 2. Jahr von Juli bis September

**WIRKSTOFFE:**
Schleimstoffe, Saponine, Flavonoide – in den Blüten, die einzeln und nur an sonnigen Tagen gesammelt werden müssen

**EINSATZGEBIETE:**

Reizhusten, Bronchitis, Halsentzündung, sanfte Schleimhautpflege

**FUNDORTE & BIOTOP:**
Trockene, sonnige Brachen, Wegränder; liebt durchlässige, magere Böden

**ZEIGERPFLANZEN:**
Beifuß, Wegwarte

**ZUBEREITUNG:**
Blütentee (kalt) mit Honig, Aufguss, Bronchialmischungen; sanft wie ein warmer Schal

## LÖWENZAHN (*Taraxacum officinale*)

Er hat im Kinderfernsehen seit Jahrzehnten eine nach ihm benannte Sendung! Man kennt ihn, trifft ihn, liebt oder verflucht ihn, weil er in seinem wilden Gartenwuchs vor keinem Beet Halt macht. Löwenzahn ist wie der Nachbar, der alles kann, immer da ist und dabei nie langweilig wird. Von Wurzel bis Blüte ein Kraftpaket für Leber, Galle, Verdauung und Lebensfreude, ein Entgifter und einer der besten Gründe, sich auf den grün-gelben Frühling zu freuen.

Seine Bitterstoffe bringen Ordnung ins Chaos deiner Stoffwechselsäfte, seine Wurzeln graben senkrecht und tief und stecken voller Power für die Verdauung.
Und seine Blüten sind Sonne pur auf dem Teller und im Salat.

**KENNZEICHEN:**
Gezackte Grundblätter in einer Rosette, direkt aus der stabilen Erdwurzel; leuchtend gelbe, dicke Blüten, später die „Pusteblume"; hohler Stängel mit Milchsaft; blüht von März bis in den Sommer, manchmal sogar im Herbst

**WIRKSTOFFE:**
Bitterstoffe, Flavonoide, Kalium, Triterpene, Inulin, Vitamin C

**EINSATZGEBIETE:**
Leberanregung, Verdauung, Gallenfluss, Frühjahrsmüdigkeit

**FUNDORTE & BIOTOP:**
Überall! Mag sonnige Wiesen, Wegränder, Brachen

**ZEIGERPFLANZEN:**
Giersch, Brennnessel, Wegerich

**ZUBEREITUNG:**
Blätter im Salat, Wurzel als Kaffeeersatz oder Tinktur, Blüten für Sirup oder Gelee, als Tinktur oder gepresster Frischsaft

## **MÄDESÜß** (*Filipendula ulmaria*)

Ihr Name klingt nach Blütenpoesie, nach Festwiese und Honigwein. Aber Mädesüß hat es faustdick hinter den Inhaltsstoff-Ohren. Eine grazile Pflanze mit fluffig-weißen Blütenschleiern aus der Familie der Rosengewächse mit einer heilkundlichen Kraft, die man ihr kaum zutraut. Ein Wiesenduft, der Kopfschmerzen lindert. Mädesüß war einst die Königin der Schmerztherapie, bevor Acetylsalicylsäure das Patent bekam. Denn es enthält die Vorform: Salicylate. Elegant, blumig und stark. Sie war das natürliche Aspirin, bevor es derlei Mittel in Pillenform gab. Schmerzlindernd, entzündungshemmend, fiebersenkend – aber ganz ohne Chemie. Nur ein ruhiges Wohlgefühl und ein Hauch von Honig.

**KENNZEICHEN:**
Bis zu 1,5 m hoch; filigran gefiederte Blätter; cremig-weiße, duftende Blüten in lockeren Dolden, die von Juni bis August blühen

**WIRKSTOFFE:**
Salicylate, Gerbstoffe, Flavonoide

**EINSATZGEBIETE:**
Fiebersenkung, Entzündungshemmung, Rheuma, Harnwege, Magenübersäuerung

**FUNDORTE & BIOTOP:**
Feuchtwiesen, Bachufer, Gräben; liebt nährstoffreiche, humose Böden mit viel Licht

**ZEIGERPFLANZEN:**
Baldrian, Sumpfdotterblume, Wiesenschaumkraut

**ZUBEREITUNG:**
Blütentee, Tinktur, auch als Badezusatz und Fußbad bei Gelenkbeschwerden oder als Blütenhonig

## PFEFFERMINZE (*Mentha × piperita*)

Sie ist frisch, sie ist klar, sie weiß genau, wo der Kopf sitzt. Die Pfefferminze ist wie ein Mentholkuss auf die Stirn und wie ein innerer Weckruf für müde Lebensgeister. Du berührst sie nur und sofort riecht alles nach Klarheit. Du schmeckst sie nicht nur, du erlebst sie mit allen Sinnen. In der Heilpflanzenwelt ist sie so etwas wie die Dirigentin deines Verdauungskonzerts. Sie bringt Ordnung ins System von Magen und Darm, beruhigt die Nerven, hilft bei Spannungskopfschmerz. Und sie erfrischt Körper, Kopf und Gedanken.

**KENNZEICHEN:**
Intensive, kühle Duftnote; eiförmige, gezackte Blätter; violette Blütenähren; ausdauernd wachsend von einzeln bis buschig; blüht von Juni bis September

**WIRKSTOFFE:**
Menthol, ätherische Öle, Bitterstoffe, Flavonoide

**EINSATZGEBIETE:**
Verdauungsfördernd, krampflösend, konzentrationsfördernd, bei Spannungskopfschmerz; Achtung: Kann bei sensiblen Menschen den Magen übersäuern!

**FUNDORTE & BIOTOP:**
Feuchte Wiesen, Bachränder, Gartenbeete

**ZEIGERPFLANZEN:**
Schafgarbe, Frauenmantel

**ZUBEREITUNG:**
Frisch als Tee, Öl (äußerlich bei Kopfschmerzen), Sirup oder in Smoothies – nie zu heiß aufgießen! Kaltaufguss im Sommer, verräuchert im Winter zur Klärung des Raumes

## ROSMARIN (*Rosmarinus officinalis*)

Rosmarin riecht nach Süden, nach Wachsen, nach Kraft. Ein echter Kreislauf-Booster und Hormoncoach im Kräutergewand, besonders bei tiefer Erschöpfung. Er ist ein Kräuterfreund, der nie leise grüßt, sondern schon als kleiner Zweig in der Küche den gesamten Raum mit seinem unverwechselbaren, kampferartigen Duft erfüllt. Er bringt Erinnerungen an Sommersonne, Steinterrassen, heiße Diskussionen und Lachen bei Rotwein. Dabei ist Rosmarin viel mehr als mediterrane Würze.
Er weckt müde Zellen, kurbelt den Kreislauf an, vertreibt mentalen Nebel und stärkt das Gedächtnis! Seine Inhaltsstoffe wirken wie Wachmacher für Körper und Geist, aber mit mehr Eleganz und ganz ohne Koffeinzittern.

**KENNZEICHEN:**
Immergrüner, holziger Halbstrauch mit nadelartigen Blättern; stark aromatisch duftend; blüht zart-blau oder violett, je nach Klima sogar mehrmals im Jahr von Frühjahr bis Herbst

**WIRKSTOFFE:**
Ätherische Öle, Bitterstoffe, Flavonoide

**EINSATZGEBIETE:**
Durchblutungsfördernd, konzentrationssteigernd, hormonregulierend, tonisierend, also krampflösend

**FUNDORTE & BIOTOP:**
Im Garten kultivierbar – liebt warme, sonnige, trockene Standorte mit kalkigem Boden

**ZEIGERPFLANZEN (indirekt kultiviert):**
Lavendel, Thymian, Salbei

**ZUBEREITUNG:**
Tee bei Erschöpfung, Öl (verdünnt!) zur Aromatherapie oder Massage, für Bäder, Tinkturen bei Muskelkater, lecker zu Ofenkartoffeln, Gemüse, Lamm und Brot

## ROTKLEE (*Trifolium pratense*)

Wenn Hormone tanzen oder toben, bringt Rotklee leise Harmonie. Diese liebliche Wiesenpflanze ist eine echte Diplomatin im weiblichen Körper. Fein, ausgleichend, rund. Besonders in den Wechseljahren zeigt sie sich als wahre Freundin der inneren Balance und dirigiert das Gleichgewicht deines hormonellen Orchesters. Mit seinen zarten rosa Blüten, die wie kleine, tuffige Seidenkissen auf den Weisen sitzen, trägt der Rotklee Phytoöstrogene in sich. Diese pflanzlichen Botenstoffe unterstützen den weiblichen Hormonhaushalt sanft, ohne zu übersteuern. Eine sanfte und liebevolle Einladung an Körper und Seele, im eigenen Rhythmus weiterzugehen.

**ZEIGERPFLANZEN:**
Frauenmantel, Gänseblümchen, Margerite, Wiesenlabkraut

**ZUBEREITUNG:**
Blütentee (mild), Tinktur, als sanfte Begleitung in hormonellen Übergangsphasen, als Kaltmazerat bei innerer Unruhe, frisch im Salat oder Smoothie

**KENNZEICHEN:**
Runde, rosa- bis lilafarbene Blütenköpfe; dreizählig, weich behaarte Blätter mit hellgrünen Flecken; licht im Aufbau; blüht von Mai bis September; als Stickstoffsammler im Boden besonders wertvoll und insektenfreundlich

**WIRKSTOFFE:**
Isoflavone (Phytoöstrogene), Gerbstoffe, Vitamine, Flavonoide; wirkt antioxidativ, lymphanregend, entzündungshemmend

**EINSATZGEBIETE:**
Wechseljahresbeschwerden, Zyklusunregelmäßigkeiten, Haut, Entgiftung

**FUNDORTE & BIOTOP:**
Fettwiesen, Weiden, Wegesränder; liebt humose, leicht feuchte Böden

## SALBEI (*Salvia officinalis*)

Er ist herb und ehrlich. Kein Kuschelkraut, sondern Klartext in Blattform. Salbei ist die Rüstung der Schleimhäute, der Antitranspirant der Kräuterküche und ein echter Klassiker. Er bringt Klarheit im Haus, im Hormonhaushalt und im Geist. Er trocknet, wo zu viel fließt (Schweiß, Schleim, Tränen), er beruhigt, wo zu viel Feuer herrscht (Hormone, Nerven, Fieber), und er stärkt, wo die Dinge brüchig werden (Schleimhäute, Abwehrkraft, Standhaftigkeit).

Sein botanischer Name *salvia* stammt vom lateinischen Wort *salvare* und gibt ihm schon im Namen seine Aufgabe mit: heilen. Er ist wie ein Kräuter-Mentor: immer ein bisschen streng, aber durch und durch liebevoll und ganz voller Ruhe.

**KENNZEICHEN:**
Silbrig-grüne, runzelige, stark duftende Blätter; violettblaue Lippenblüten; mehrjährig und robust; blüht von Mai bis Juli

**WIRKSTOFFE:**
Ätherische Öle (Thujon, Campher, Cineol), Gerbstoffe, Bitterstoffe, Flavonoide

**EINSATZGEBIETE:**
Halsschmerzen, Schwitzen, Verdauung, Heiserkeit, Hautirritationen, Wechseljahresbeschwerden, Mundpflege; wirkt stark antibakteriell und antiviral

**FUNDORTE & BIOTOP:**
Kultiviert in Gärten; liebt Sonne, trockene Böden, kalkreiche Untergründe, Trockenmauern, Kräuterbeete

**ZEIGERPFLANZEN (indirekt kultiviert):**
mit Rosmarin, Lavendel, Ysop, Thymian wie deine Mittelmeer-WG im Kräutergarten

**ZUBEREITUNG:**
Gurgellösung, Tee (nicht dauerhaft!), Küche, Dampfbad, Fußbad bei Schweißfüßen

## SCHAFGARBE (*Achillea millefolium*)

Sie sieht aus wie selbstgewebte Spitze aus Blüten und wirkt wie eine weiche Hand auf aufgewühltem Gewebe. Schafgarbe ist die stille Heldin der Verdauung und ein Segen für alles im Bauch. Schon ihre ziselierten Blätter sehen aus wie gezeichnet – fein, fächerartig, ziemlich elegant. Doch hinter dieser zarten Optik steckt eine große, unerwartete Kraft. Die Schafgarbe harmonisiert, wo zu viel oder zu wenig ist. Sie ist ein Gleichgewichtskraut für Frauengesundheit, Verdauung und Wundheilung.

Schon im alten Griechenland war sie bekannt und hieß dort nicht ohne Grund *achillea* nach dem griechischen Gott Achill, der der Sage nach mit dieser Pflanze die Wunden seiner Krieger heilte. Heute heilt Schafgarbe die seelischen Kratzer genauso wie Darmkrämpfe.

**KENNZEICHEN:**
Federfeine, duftende Blätter; weiße bis zartrosa Blütenschirme; aufrechter Wuchs, stabiler Stängel; robust und widerstandsfähig auch bei Trockenheit; blüht von Juni bis Oktober; oft verwechselt mit der Blüte der Wilden Möhre (die an ihrem kleinen, schwarzen Scheininsekt in der Blüte erkennbar ist)

**WIRKSTOFFE:**
Ätherische Öle, Bitterstoffe, Flavonoide, Gerbstoffe, Cumarine

**EINSATZGEBIETE:**
Verdauung, Menstruationsbeschwerden, Leber, Haut, Wundheilung; blutstillend, krampflösend, entzündungshemmend

**FUNDORTE & BIOTOP:**
Trockene Wiesen, Wegränder, Halbtrockenrasen, kalkhaltige Böden

**ZEIGERPFLANZEN:**
Beifuß, Johanniskraut, Frauenmantel, Sauerampfer, Wiesensalbei

**ZUBEREITUNG:**
Tee (auch Mischungen) bei Bauchweh, PMS, Unruhe; Dampf- und Sitzbäder bei Menstruationsbeschwerden; Tinktur oder frischer Blütensaft bei Wunden; in Butter oder Suppe, mitgekocht als feine aromatische Wildzutat; Schafgarbenöl bei Muskelverspannung

## SCHARBOCKSKRAUT (*Ficaria verna*)

Noch bevor der Bärlauch leise durchbricht und bevor das erste Gänseblümchen neugierig hervorschaut, ist das Scharbockskraut schon da, als eine der allerersten Wildpflanzen im Jahr. Ein echter Frühlingsbote mit Leuchtkraft! Wenn's leuchtet wie Butter auf dem Waldboden, ist das Scharbockskraut oft schon da und voller Vitamin C. In der Heilkunde ist es ein Symbol für Mangelzeiten und eine grüne Einladung, den leeren Speicher des Winters wieder aufzufüllen. Der Name Scharbock stammt von einer alten Bezeichnung für Skorbut, also dem klassischen Vitamin-C-Mangel. Und so bringt es auch heute noch Energie in Körper und Küche. Allerdings Obacht, denn sobald es zu blühen beginnt, wechselt es von Helfer zu Hausdrache und wird giftig und ungenießbar. Als wolle es sagen: „Schluss für dieses Jahr, lasst mich ruhen und neue Kräfte sammeln."

**KENNZEICHEN:**
Hahnenfußgewächs mit herzförmigen, fleischigen, glänzend grünen Blättern und goldgelber Sternblüte; klein und bodennah im Wuchs; oft breit und flächig anzutreffen; blüht von März bis Mai; nur bis zur Blüte genießbar, danach steigt der Gehalt an giftigem Protoanemonin

**WIRKSTOFFE:**
Vitamin C, Saponine, Protoanemonin, Flavonoide

**EINSATZGEBIETE:**
Frühjahrsmüdigkeit, leichte Skorbutsymptome (geschichtlich), Ausleitung, Vitaminmangel, Immunschwäche

**FUNDORTE & BIOTOP:**
Feuchte Laubwälder, Bachränder, feuchte Wiesen, typischer Frühblüher-Standort und oft zusammen mit Buschwindröschen, Bärlauch und Veilchen

**ZEIGERPFLANZEN:**
Buschwindröschen, Giersch, Waldmeister, Goldnessel

**ZUBEREITUNG:**
Nur jung und vor der Blüte roh in kleinen Mengen, z. B. in Frischkräutersalaten, Kräuterbutter; nicht als Tee geeignet

## SPITZWEGERICH (*Plantago lanceolata*)

Klein, zäh, allgegenwärtig – und doch ein Meister der Haut und Atemwege. Spitzwegerich heilt, was kratzt, beißt, sticht oder hustet. Seine Stärke liegt in der Sanftheit. Er ist wie der Freund, der zur Stelle ist, wenn es brennt, ohne dass man ihn laut rufen muss. Im wörtlichen wie im übertragenen Sinne! Ein grüner Pflanzenmeister mit großem inneren Feingefühl und eine echte kleine Hausapotheke.

Er steckt voller Schleimstoffe, Gerbstoffe, Kieselsäure und hat eine unglaubliche Wirkung auf Atemwege, Haut und gereizte Nerven. Bei Insektenstichen, Brennnesselbissen, bei Husten oder kleinen Wunden: zwei, drei seiner spitzen Blättchen zerkaut oder zerrieben und aufgelegt – fertig. Er heilt, beruhigt und schützt. Er schließt, was offen ist, und lindert, wenn es wehtut oder kratzt. Was für ihn gilt, gilt übrigens auch für Kollege Breitwegerich.

**KENNZEICHEN:**
Lange (bis max. 20 cm), schmale, spitz zulaufende Blätter in bodennaher Rosette, markant sichtbare Blattnerven; kompakte, braune Blütenähren, die von April bis Oktober blühen; überaus robust, trittfest, wächst sogar auf Pfaden (daher „Wegerich“)

**WIRKSTOFFE:**
Schleimstoffe, Aucubin, Gerbstoffe, Kieselsäure

**EINSATZGEBIETE:**
Husten, Insektenstiche, Wunden, Hautpflege

**FUNDORTE & BIOTOP:**
Wiesen, Wegränder, sogar in Pflasterfugen; liebt sonnige, eher trockene Böden

**ZEIGERPFLANZEN:**
Löwenzahn, Schafgarbe, Gänseblümchen in robuster Wildwiese

**ZUBEREITUNG:**
Tee (warm oder kalt), Frischsaft, Umschläge aus Frischblatt, Hustensirup aus frischen Blättern und Honig, als Salbe oder Ölmazerat, auch in Smoothies oder im Wildkrautsalat einsetzbar

## SÜßHOLZ (*Glycyrrhiza glabra*)

Die Süße mit System und Substanz, die heilt. Viel mehr als nur Lakritz – Süßholz ist entzündungshemmend, antiviral und ein Freund der Nebennieren. Charmant, aber nicht für alle täglich gedacht. Es reguliert, balanciert, beruhigt und belebt. Seine Süße stammt vom Glycyrrhizin, einem natürlichen Süßstoff, der – Trommelwirbel – fünfzigmal süßer ist als Zucker.

Es beruhigt die Magenschleimhaut, stärkt die Nebenniere (ja, genau da, wo der Stress wohnt!) und bringt in der traditionellen Heilkunde seit Jahrhunderten Ordnung in überreizte Systeme. Ob Husten, Magenweh, Hormondurcheinander oder viraler Frontalangriff – Süßholz greift ein und wird dabei niemals grob.

**KENNZEICHEN:**
Hülsenfrüchtler; bis 1,5 m hohe Staude mit gefiederten Blättern; blasslilafarbene Blütenähren; auffallend lange, aromatische Wurzel, die der eigentliche Goldschatz ist und im Herbst geerntet wird; blüht von Juni bis August

**WIRKSTOFFE:**
Glycyrrhizin, Flavonoide, Saponine, ätherische Öle

**EINSATZGEBIETE:**
Hustenreiz, Magenschleimhaut, Stress, Immunmodulation; antiviral; bei Entzündungen von Darm, Leber und Galle

**FUNDORTE & BIOTOP:**
Kultiviert; liebt warme, sonnige, tiefgründige Böden mit guter Drainage, jedoch nahezu nirgends wild zu finden, sondern im Anbau

**ZEIGERPFLANZEN (im Anbau):**
Ysop, Lavendel

**ZUBEREITUNG:**
Tee (Wurzelstück mitkochen), Tinktur (aber nicht bei Bluthochdruck oder Schwangerschaft anwenden), gekaut gegen Halsweh, in Curry, Süßspeisen oder Wildgerichten passend

## THYMIAN (*Thymus vulgaris*)

Der Kräuterkobold für alle, die durchatmen wollen. Ein „Krautwicht mit Löwenherz", hab' ich mal irgendwo aufgeschnappt. Wenn Pflanzen einen Charakter hätten, wäre Thymian wohl der entschlossene Helfer mit warmer Stimme und klarem Blick. Thymian ist klein, knorrig und voll heilender Kraft – ein Lungenkraut mit mediterranem Temperament. Ein Tropfen seines ätherischen Öls genügt und jede Schleimhaut weiß, was zu tun ist. Er riecht nach Süden und Mittelmeer, aber ist dabei nicht nur aromatisch. Er ist antimikrobiell, antiviral, antifungal und als Pflanze kein bisschen zimperlich. Anti eben.

In der Volksheilkunde wurde er schon im Mittelalter gegen Pest und schlechte Luft geräuchert – heute weiß man: Sein Öl (vor allem Thymol) ist ein kleines Wunderwerk gegen Keime, Husten und Verdauungsprobleme. Und in der Küche mit Knoblauch und Zitrone ist er ein Klassiker für einen gesunden Bauch und beste Stimmung.

**KENNZEICHEN:**
Niedriger, stark verzweigter Halbstrauch mit winzigen, stark duftenden Blättchen und zarten rosa-violetten Blüten, die von Mai bis August blühen

**WIRKSTOFFE:**
Thymol, Carvacrol, Flavonoide, Bitterstoffe, Gerbstoffe

**EINSATZGEBIETE:**
Bronchitis, Erkältung, Verdauung; antibakteriell, immunstärkend; Kehlkopfentzündung, Blähungen, Pilzinfektionen

**FUNDORTE & BIOTOP:**
Trockenrasen, sonnige Hänge, Steingärten; liebt Wärme und kalkhaltige Böden

**ZEIGERPFLANZEN:**
Rosmarin, Salbei, Dost

**ZUBEREITUNG:**
Tee (kräftig und durchwärmend) bei Husten und Magenproblemen, als Inhalation mit Thymianöl, in der Küche und zum Räuchern

## VOGELMIERE (*Stellaria media*)

Sie wächst, wenn alles andere ruht. Zart, saftig, widerstandsfähig. Und: Sie heilt schneller, als du „Unkraut“ sagen kannst. Ein echtes Liebeskraut für Haut und Zellstoffwechsel.

Was aussieht wie nur Grünzeug, ist in Wahrheit eine hochmineralische Powerpflanze mit erstaunlich mildem Geschmack. Während andere Wildkräuter gern mal bitter, kantig und laut daherkommen, schmeckt Vogelmiere beinahe wie Mais oder junger Spinat – weich, grün und frech – und läuft in Sachen Inhaltsstoffe vielen anderen mühelos den Rang ab. Ihre Wirkung ist sanft, nährend und regenerierend. Sie baut auf, stärkt und beruhigt wie die Freundin, die alles mit einem Lächeln regelt. Entzündete Haut, müder Stoffwechsel, gereizte Schleimhäute – alles kein Problem für sie. Und dabei steckt sie dir ihr winzig kleines, sternförmiges Blütchen entgegen. Eine Pflanze für die leisen Tage, die dem Körper etwas zurückgeben wollen.

**KENNZEICHEN:**
Zarte, weiche, kriechende Pflanze mit kleinen weißen Sternblüten; saftige, ovale, winzige Blätter; blüht fast ganzjährig, sogar im Winter unter der Schneegrenze

**WIRKSTOFFE:**
Saponine, Vitamin A/C/E, Schleimstoffe, Flavonoide, Kieselsäure, Eisen, Kalium, Magnesium – eine echte Kraftbombe

**EINSATZGEBIETE:**
Hautprobleme, Stoffwechsel, Frühjahrskuren, Eisenmangel, Juckreiz, Husten, trockene Schleimhäute, Frühjahrsmüdigkeit

**FUNDORTE & BIOTOP:**
Beete, Gartenränder, unter Hecken; liebt feuchten, nährstoffreichen Boden und zeigt oft stickstoffreichen Boden an

**ZEIGERPFLANZEN:**
Giersch, Taubnessel, Brennnessel, Melde, Schaumkraut

**ZUBEREITUNG:**
Frisch in Smoothies, Salaten, Quark; als Tee (sanft erhitzt) oder Umschlag bei Hautproblemen

# WEIẞDORN
## (*Crataegus monogyna/laevigata – sprich: ein- oder zweigriffelig*)

Bühne frei für den stillen Hüter des Herzens: den Weißdorn. Er ist das Herzkraut schlechthin und keine Pflanze verbindet sich so innig mit dem Rhythmus unseres Lebens wie er. Weißdorn gibt Kraft, wo das Herz stolpert, stärkt, wo der Lebensrhythmus schwankt, und wirkt, als würde er dem Herzmuskel zuflüstern: „Ich bin bei dir. Du schaffst das."

Er ist nicht laut, kein klassisches Instagram-Kraut, und behütet und beschützt sein Geheimnis hinter Dornen. Er wirkt einfühlsam, ein bisschen altmodisch, aber unglaublich zuverlässig auf Herz, Kreislauf und Nervensystem. Wer aufgeregt ist, schlecht schläft oder vom Stress gehetzt ist, der findet in Weißdorn einen echten Freund. Und zwar einen, der dich an die Hand nimmt und mit dir gemeinsam ruhig durchatmet.

**KENNZEICHEN:**
Strauch, Busch oder kleiner Baum aus der Familie der Rosengewächse mit dornigen Zweigen, weißen Blüten im Frühjahr von Mai bis Juni, roten Beeren im Herbst; oft übersät mit unzähligen, zauberhaften, metallisch goldgrün glänzenden Rosenkäfern

**WIRKSTOFFE:**
Flavonoide, Procyanidine (OPC), Gerbstoffe; herzstärkend, durchblutungsfördernd, gefäßerweiternd, beruhigend

**EINSATZGEBIETE:**
Herzrhythmusstörungen, Altersherz, Stress, Kreislaufschwäche

**FUNDORTE & BIOTOP:**
Hecken, Waldränder, Lichtungen; liebt kalkhaltige, trockene Böden in halboffener Landschaft

**ZEIGERPFLANZEN:**
Schlehe, Holunder und andere dornige Nachbarn

**ZUBEREITUNG:**
Blätter und Blüten im Tee (mild, kurweise); Tinktur (Wirkung baut sich über Wochen auf) oder als Weißdornbeerensirup oder -likör, in Kombination mit Melisse, Lavendel oder Baldrian sehr bewährt, anregend mit Rosmarin

## WERMUT (*Artemisia absinthium*)

Er ist bitter wie Wahrheiten, aber klärend wie frische Luft. Wermut sagt nicht: „Trink mich einfach so", er flüstert: „Ich helfe dir, dich zu reinigen." Er ist ein Magen- und Leberheld, aber kein Dauerfreund. In unserer Welt, in der alles süß schmecken und klingen soll, ist er die bittere Direktheit und radikale Ehrlichkeit mit Heilwirkung.

Wer müde, voll, träge oder einfach „nicht ganz da" ist – körperlich wie geistig –, der sollte sich mit diesem Kraut anfreunden, denn Wermut ist echtes, bitteres Aufrütteln in Pflanzenform und eines der bekanntesten und ältesten Kräuter im Hexenregal. Wermut öffnet den Appetit, die Leber und den Geist, auf dass dich seine bittere Ehrlichkeit daran erinnert, dass du sorgsamer mit dir umgehen mögest.

**KENNZEICHEN:**
Typischerweise 60 bis 100 cm hoher Korbblütler; silbrig-grüne Blätter; aromatisch bitterer Duft; kleine, gelbe Röhrenblüten von Juli bis September

**WIRKSTOFFE:**
Bitterstoffe (Absinthin), ätherische Öle, Flavonoide, Thujon
Vorsicht: in hohen Dosen oder bei Daueranwendung reizend bis giftig!

**EINSATZGEBIETE:**
Traditionell Grundlage für Absinth, aber auch für unzählige Magenbitter und Kräuterelixiere, unterstützend bei Verdauungsstörungen, Leberunterstützung, Appetitlosigkeit, Parasiten

**FUNDORTE & BIOTOP:**
Karge, trockene, steinige Böden, Wegränder, Bahndämme, Gärten

**ZEIGERPFLANZEN:**
Beifuß, Königskerze, Dost, Thymian

**ZUBEREITUNG:**
Tee (kurweise und nur in kleinen Mengen, max. 1 TL pro Tasse für 5 Tage!), Tinktur, Magenbitter – nie in Dauereinnahme!

# GEDANKEN, REZEPTE & KLEINE RITUALE FÜR VITALITÄT UND ACHTSAMKEIT

Mit diesem letzten Kapitel schlagen wir beide jetzt ein feineres Blatt auf. Kein großes Besteck, kein Kräuterhexenkessel über offenem Feuer. Nein, einfach kleine Rituale, leise Gesten, stille Gespräche zwischen Pflanze und Mensch, die deinen Alltag in etwas verwandeln, was nach Leben schmeckt und nicht nach To-do-Liste.

Vitalität ist, wie uns die vergangenen Buchseiten gelehrt haben, keine Frage von Powerdrinks oder Hochleistungsplänen, sondern von kleinen Entscheidungen. Morgens, abends, zwischen Terminen, Tür und Teekanne. Achtsamkeit beginnt nicht auf dem Meditationskissen, sie beginnt vielmehr schon dann, wenn du ein Blatt Zitronenmelisse in der Hand wiegst, bevor du es in die Tasse legst wie einen wunderbaren Gedanken an Gesundheit und Leben, den man trinken möchte.

Deshalb habe ich hier für dich sieben kleine Rituale, wie kleine Zwischentöne im Orchester deines Alltags. Ohne große Show, aber mit großer Wirkung, du wirst sehen. Und mit kleinen, ausgewählten Rezeptideen. Aber die sind hier nur Mittel zum Zweck und eben keine Menüfolge, die deine wöchentliche Einkaufsliste nur länger macht.

Steigen wir also ein in die zauberhaft unspektakuläre Revolution deines Alltags. Die Kunst besteht nun nicht mehr darin, mit all dem neuen oder wiedererinnerten Wissen um die Kraft der Wild- und Heilkräuter möglichst viele neue Regeln aufzustellen. Es geht darum, alte Automatismen liebevoll zu hinterfragen und durch kleine, kluge, pflanzengestützte Hexeleien und Rituale zu ersetzen.

All das soll dich nähren und nicht nerven. Fast wie kleine Liebesbriefe, die leise an deinen Alltag anklopfen. Geschrieben von einer alten, grünen Seele. Von einer, die weiß, wie der Tag schmecken darf, wenn man nicht versucht, ihn zu bezwingen, sondern einzuladen und zu umarmen.

RITUAL 1

# *Ein Morgenschluck mit Sonne.*

## *Ein Brief an deinen Alltag.*

Von Michelle, deiner inneren Kräuterflüsterin

*Hallo, guten Morgen, du verschlafene Heldin,*

*du Frühling im Menschenkostüm,*

*ich weiß, wie deine Tage beginnen: irgendwo zwischen Snooze-Knopf, Handylicht und dem Gedanken an „noch fünf Minuten". Kein Problem, kein Vorwurf, nur Biologie.*

*Aber hier mein Vorschlag:*

*Heute weckst du dich mal nicht mit Druck, sondern mit Freundlichkeit.*

*Statt eines Kaffees mit Deadline, diesem morgendlichen To-do mit Koffein, gibt es ein Glas, das dich umarmt. Ein paar Blätter Giersch aus dem Garten, ein Zweig Zitronenverbene, etwas Ingwer, ein Spritzer Zitrone. Heißes Wasser drüber, ziehen lassen, trinken.*

*Ganz langsam.*

*Nicht, weil du musst. Nein, weil du darfst.*

*Und während du das tust, schau einfach aus dem Fenster.*

*Die Welt dreht sich auch ohne dich.*
*Aber sie wird schöner mit dir.*

*Auf deinen ersten Schluck*
*Lebendigkeit!*

*Deine Michelle*

REZEPT 1

# Giersch-Verbene-Morgeninfusion

## Die sanfte Variante für langsames Erwachen

**Zutaten:**

4–5 junge Gierschblätter
2–3 frische Blättchen Zitronenverbene oder Melisse
2 dünne Scheibchen frischer Ingwer
½ TL Honig (optional)
1 Spritzer Zitronensaft
300 ml heißes Wasser

**Zubereitung:**

Kräuter grob zupfen, mit Ingwer und Zitrone in eine große Tasse geben.
Mit heißem, nicht mehr kochendem Wasser übergießen.
5–8 Minuten ziehen lassen, mit oder ohne Honig genießen.

**Wirkung:**

Giersch bringt Schwung in den Stoffwechsel.
Verbene beruhigt den Geist.
Ingwer wärmt den Bauch.
Zitrone weckt das Immunsystem.

**Bester Moment:**

Direkt nach dem Aufstehen, noch im Bademantel

**Jahreszeit:**

Frühjahr bis Spätsommer (frische Kräuterzeit)

REZEPT 2

# Apfel-Minze-Morgenglanz

**Zutaten:**

1 kleiner Apfel (Bio, ungeschält, in Scheiben)
3–4 frische Blätter Pfefferminze oder Apfelminze
1 kleines Stück Zitronenschale (Bio)
300 ml heißes Wasser

**Zubereitung:**

Apfelscheiben, Minze und Zitronenschale in eine Glaskanne oder Tasse legen.
Mit heißem, nicht mehr kochendem Wasser übergießen und 6–8 Minuten ziehen lassen.
Warm trinken oder, an heißen Tagen, abkühlen lassen und als „Morning-Coldbrew" genießen.

**Wirkung:**

Apfel: sanft fruchtig, reich an Polyphenolen und Pektinen
Minze: klärt den Kopf, erfrischt Atem und Gedanken
Zitrone: macht wach, ohne zu drängen

**Bester Moment:**

Für langsame Sonntage oder Sommermorgen, wenn man die Welt erst mal mit einem Lächeln begrüßen will. Nach dem ersten Blick in den Spiegel und noch vor dem ersten Scrollen.

**Jahreszeit:**

Das ganze Jahr über (auch mit getrockneten Kräutern)

### Kleiner Hinweis für ein großes Ritual

*Mach es dir schön. Nimm dir die Zeit und deine schönste Tasse, stell dich ans Fenster, gib dem Morgen eine Bühne. Zeit ist keine Währung, sie ist eine Entscheidung. Weniger ist mehr. Zwei, drei Kräuter genügen. Es ist ein Ritual, kein Salat! Du weißt es, also lebe es: nicht multitasken. Keine Mails, keine Aufgabenlisten schreiben, kein Kinderanziehen. Nur Trinken und Sein. Gib dir 5 Minuten. Nur für dich, nicht für Instagram.*

RITUAL 2

# Der bittere Moment

## *Brief Nr. 2 an deinen Alltag*

Von Michelle, deiner inneren Kräuterflüsterin

*Hallo, du Mittagshunger auf zwei Beinen.*

*Ich weiß, wie du dich gerade fühlst. Der Vormittag war ein Sprint, der Nachmittag wird ein Marathon und mittendrin sitzt du zwischen Mails, Mahlzeit und Müdigkeit.*

*Dein Kopf sagt: „Kaffee!", dein Bauch seufzt leise: „Bitte nicht."*

*Und genau hier komme ich mit meinem kleinen, ehrlichen Gegenvorschlag als Geschenk: Bitterkeit. Als Weckruf, nicht als Strafe. Ohne Zucker, ohne Koffein, ohne Push, nur ein ehrlicher Bitterton, der deine Sinne sortiert: Ein Schluck Wermuttee, ein Tropfen Schafgarbentinktur, ein Zweig Rosmarin im Glas. Nur ein winziges Ritual, kein großes Drumherum, aber ein Donnerschlag um zwölf für Geist und Körper.*

*Bitterkeit hat eine magische Eigenschaft: Sie richtet uns auf, sie zieht uns aus dem Zuckerwattenebel des Alltags und sagt ganz sanft, aber entschlossen:*

*„So, jetzt geht es nur noch um dich."*

*Vielleicht ersetzt dieser Schluck irgendwann deinen Nachmittagsespresso, vielleicht aber auch nicht. Aber er gibt deinem Körper, deiner Leber, deinem Kopf genau das, was sie benötigen: Klarheit und Wahrheit – und die schmeckt eben manchmal bitter.*

*Kennst du den Spruch „Die bittere Wahrheit"? Siehst du!*

*In diesem Sinne*

*Deine Michelle*

REZEPT 1

## Der Mittagsreset. Schafgarbe trifft Rosmarin

**Zutaten:**

1 TL getrocknete Schafgarbenblüten
½ kleiner Zweig Rosmarin (frisch oder getrocknet)
1 Scheibe Bio-Zitrone
250 ml heißes Wasser

**Zubereitung:**

Schafgarbe und Rosmarin mit heißem Wasser übergießen, 7–8 Minuten ziehen lassen, die Zitronenscheibe erst ganz zum Schluss dazugeben, damit die Bitterkeit rund bleibt.

**Wirkung:**

Schafgarbe aktiviert Verdauung und Leber.
Rosmarin weckt den Kreislauf.
Zitrone bringt Licht ins Bittere.

**Bester Moment:**

Direkt nach dem Mittagessen, bevor du ins „Suppenkoma" fällst oder zur Snackschublade läufst.

**Jahreszeit:**

Immer. Genau. Jetzt. Getrocknet funktioniert es perfekt.

REZEPT 2

# *Zitronen-Thymian-Bitterkick*

**Zutaten:**

1 TL getrocknete Thymianblätter
1 TL getrocknete Löwenzahnwurzel (leicht geröstet)
1 Streifen Zitronenschale (Bio)
250 ml heißes Wasser

**Zubereitung:**

Löwenzahn und Thymian mit heißem Wasser übergießen, 10 Minuten ziehen lassen, Zitronenschale dazu, fertig.

**Wirkung:**

Kräftiger Bitterton für Verdauung und Leber, Thymian bringt Leichtigkeit, Zitrone macht's frisch.

**Beste Zeit:**

Wenn das „Nach-dem-Mittag-Loch" droht oder der Griff zum Schokoriegel lockt.

REZEPT 3

# Kleiner Bitterheld – Wermut-Tropfen im Glas

**Zutaten:**

5–10 Tropfen Wermut-Tinktur (Apotheke oder selbst angesetzt)
50 ml Wasser (lauwarm)
evtl. 1 Blatt frische Minze zum Mildern des Dufts

**Zubereitung:**

Tropfen ins Glas, Wasser drauf, kurz riechen, dann in einem Schluck trinken.
Nicht gießen, nicht rühren, nicht zaudern. Einfach schlucken und fertig.

**Wirkung:**

Wermut bringt die Leber auf Zack.
Hilft dem Magen, das Mittagessen zu „sortieren“.
Stoppt das Nachmittagstief, bevor es beginnt.

**Bester Moment:**

Nach einem üppigen Mittagessen oder wenn die Augenlider schwer werden.

**Jahreszeit:**

Vor allem im Winter und Frühjahr, wenn man mal wieder zu „schwer“ is(s)t.

### *Kleiner Hinweis für ein großes Ritual*

*Bitter ist kein Strafgeschmack. Es ist der Impuls, der den Körper wachkitzelt. Wie ein unerwarteter Weckton, nur etwas lebhafter. Aber: keine neue Last, kein großes Drama. Es sind nur 5 Minuten. Aber 5 Minuten, die dir gehören – und vielleicht ersetzt der Wermut mal den Kaffee. Vielleicht nicht, beides ist gut.*

RITUAL 3

# *Fußbad mit Fichtennadeln: Erdung für zwischendurch*

## *Brief an deinen Alltag*

Von Michelle, deiner inneren Kräuterflüsterin

---

*Hallo, du,*

*ich sehe deine Füße. Sie tragen dich durch Supermärkte und Meetings, durch E-Mails, Straßenbahnen und jene Tage, an denen du eigentlich lieber barfuß auf einer Wiese stehen würdest.*

*Und doch bekommen sie kaum Dank. Stattdessen zwängst du sie in ein enges Lederkorsett mit Schnürsenkeln und Reißverschluss. Hier ist meine Einladung:*

*Zieh die Socken aus, füll eine Schale mit heißem Wasser. Wir legen etwas hinein, das nach Wald riecht und nach Ruhe schmeckt: Fichtennadeln, ein paar Rosmarinzweige, einen Hauch Meersalz. Du tauchst deine Füße ein und während dein Körper „Fußbad“ denkt, fühlt deine Seele „Urlaub“. Bist du bereit?*

*Das Wasser wird lauwarm, der Kopf wird leicht, der Boden unter dir fester.*

*Und plötzlich weißt du: Erdung kann so einfach sein wie eine Schale und ein paar Nadeln.*

*Mit warmen Grüßen*

*Deine Michelle*

*Zwei Rezepte für Erdung in der Schale*
*Zwei Varianten für verschiedene Tage: eine waldig-kräftig, eine blumig-sanft.*

REZEPT 1

## *Fichtennadeln & Salz. Ein ganzer Wald in deiner Schale*

**Zutaten:**

2 Handvoll frische Fichtennadeln (oder Kiefernnadeln)
2 EL grobes Meersalz
1 l heißes Wasser

**Zubereitung:**

Die Nadeln in einen Topf geben, kurz mit kochendem Wasser übergießen, 10 Minuten ziehen lassen. Dann abseihen, in eine große Schüssel gießen, mit Salz verrühren, die Füße hineintauchen. Aber Vorsicht, es ist vielleicht heißer, als du denkst.

**Wirkung:**

Fichtennadeln fördern die Durchblutung und klären den Kopf. Salz entlastet, entgiftet, zieht Müdigkeit aus den Beinen.
Der Waldduft ist ein sofortiger Stimmungsaufheller.

**Bester Moment:**

Nach einem langen Tag im Büro, einem Spaziergang in festen Schuhen oder dem unnötig langen After-Work-Stehbankett.

**Jahreszeit:**

Herbst und Winter und immer dann, wenn du das Gefühl von Wald besonders brauchst.

REZEPT 2:

# *Rosenblüten & Lavendel. Das sanfte Abendritual*

**Zutaten:**

1 Handvoll getrocknete Rosenblüten
1 TL Lavendelblüten
1 Scheibe Zitrone
1 l heißes Wasser

**Zubereitung:**

Blüten in eine Schüssel geben, mit heißem Wasser übergießen, 5–10 Minuten ziehen lassen.
Zitrone dazu, Füße hineingleiten lassen – und loslassen.

**Wirkung:**

Rosenblüten beruhigen Haut und Sinne.
Lavendel entspannt Muskeln und Gedanken.
Zitrone sorgt für eine frische Leichtigkeit.

**Bester Moment:**

Abends, wenn du runterkommen willst – ein perfekter Übergang in die Nacht.

**Jahreszeit:**

Ganzjährig. Aber besonders schön im Frühling und Sommer, wenn Rosen duften.

### *Kleiner Hinweis für ein großes Ritual*

*Ein Fußbad ist kein Luxus. Jahrhundertelang war es normal, und noch heute ist es in vielen Kulturen ein Zeichen der inneren und äußeren Reinigung und Einkehr. Das Beste daran: Fünfzehn Minuten reichen. Keine Kerzenpflicht, kein Räucherzwang, keine Zwangs-Esoterik – stattdessen einfach nur warmes Wasser, Kräuter und du.*

RITUAL 4

# Kräuterkompresse bei Gedankenstau: Auflegen & Loslassen

## Brief an deinen Alltag

Von Michelle, deiner inneren Kräuterflüsterin

*Hallo, du Weltschmerz mit Buch in der Hand,*

*ich sehe dich, wie du auf dem Sofa sitzt, mit dem Kopf voller Gedanken und einem Bauch voller Druck. Nicht mal unbedingt Schmerzen, eher so ein inneres „Alles zu viel".*

*Und ich weiß, was du denkst: „Ich müsste meditieren. Ich müsste Sport machen. Ich müsste ..."*

*Aber weißt du was? Du musst gar nichts. Du brauchst nur ein Tuch, ein bisschen heißes Wasser und ein paar Pflanzen, die sich um dich kümmern.*

*Eine Kompresse ist kein Oma-Ritual. Sie ist eine Erinnerung, eine Abkürzung mit Tagebuch, ein Shortcut. Sie sagt deinem Körper: „Du darfst loslassen."*

*Und während du da sitzt oder liegst, arbeiten Kamille, Frauenmantel oder Pfefferminze im Stillen. Sie sprechen mit deinen Muskeln, deinen Nerven und Gedanken – und du selber kannst endlich Pause machen.*

*Deine Michelle*

*Zwei Kompressen für Kopf & Bauch*

*Eine tröstend-warm, eine klärend-kühl. Je nachdem, was dein Tag braucht.*

REZEPT 1

# Bauchruhe-Kompresse

**Zutaten:**

1 EL Kamillenblüten
1 EL Frauenmantel (Blätter und Blüten)
1 TL Zitronenmelisse
300 ml heißes Wasser
ein sauberes Baumwoll- oder Mulltuch

**Zubereitung:**

Kräuter in eine Schale geben, mit heißem Wasser übergießen, 10 Minuten ziehen lassen. Tuch darin tränken, leicht auswringen, warm auf Bauch oder Unterleib legen. Ein zweites, trockenes Tuch oder eine Wärmflasche darüber und 15–20 Minuten wirken lassen.

**Wirkung:**

Kamille: entkrampfend, tröstend
Frauenmantel: sanft hormonregulierend, ausgleichend
Melisse: beruhigt Nerven und Gedanken

**Bester Moment:**

Abends, wenn der Bauch angespannt ist oder der Tag dich erdrückt.

**Jahreszeit:**

Ganzjährig wunderbar. Aber besonders wohltuend in der kühlen Jahreszeit.

REZEPT 2

# *Kopf-klar-Kompresse*

**Zutaten:**

1 EL Pfefferminzblätter
1 TL Salbei
½ TL Rosmarin
300 ml heißes Wasser
ein sauberes Baumwolltuch

**Zubereitung:**

Kräuter mit heißem Wasser übergießen, 8–10 Minuten ziehen lassen.
Tuch tränken, leicht auswringen und lauwarm auf Stirn oder Nacken legen.
Augen schließen. Durchatmen.

**Wirkung:**

Pfefferminze: kühlt, erfrischt, klärt
Salbei: beruhigt Haut und Kopf
Rosmarin: bringt sanfte Durchblutung, „weckt" den Geist auf leichte Weise

**Bester Moment:**

Nach langen Bildschirmstunden, bei Spannungskopfweh oder mentalem Overload.

**Jahreszeit:**

Besonders im Sommer oder bei „Hitzekopf".

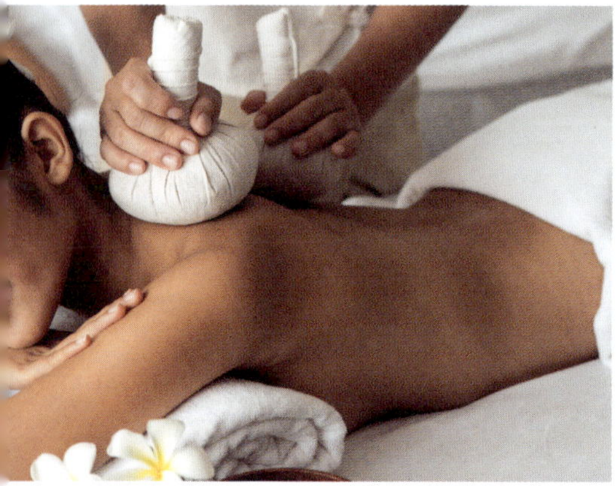

### *Hinweis zum Ritual*

*Eine Kompresse ist kein „Früher war alles besser"-Gimmick, sondern eine wiederentdeckte Einfachheit. Wickel und Kompressen sind seit Jahrhunderten warme und kalte Helfer, nicht erst, seit der deutsche Priester Sebastian Kneipp sie berühmt gemacht hat. Und so simpel und genial sind sie bis heute: Du brauchst keine App, keinen Termin, keine Anstrengung. Nur Kräuter, Wasser, ein Tuch und die Erlaubnis, für ein paar Minuten nichts zu tun und hineinzufühlen in diese bewährte Methode zur sanften Linderung und Unterstützung bei vielen alltäglichen Beschwerden und Krankheiten.*

RITUAL 5

## Abendräucherung: Aufräumen ohne Besen

### *Brief an deinen Alltag*

Von Michelle, deiner inneren Kräuterflüsterin

*Hallo, du Perpetuum mobile.*

*Der Tag liegt in Schichten auf dir.*

*Die Arbeit, die Gespräche, das kleine Drama beim Einkaufen, der keifende Großvater in der Kita, die zu laute Bahn, das schlechte Gewissen, weil du schon wieder keine Wäsche gefaltet hast.*

*Du brauchst jetzt keinen Podcast-Tipp und keine „5-Minuten-Selfcare-Challenge".*

*Du brauchst Luft und Feuer und etwas Schärfe im Raum. Einen Nebel, der den Nebel verjagt.*

*Zünde ein paar Kräuter an. Nur so viel, dass sie glimmen und nicht brennen.*
*Schau dem Rauch zu, wie er aufsteigt, wie er sich hinaufschlängelt und tanzt und das Gewicht des Tages einfach mitnimmt.*

*Du musst nichts sagen, nichts fühlen, nichts planen.*

*Nur da sein. Und während der Rauch durchs Zimmer zieht, merkst du:*

*Das Aufräumen passiert ganz von allein.*

*Deine Michelle*

*Zwei Räuchervarianten – je nach Stimmung*
*Eine sanft & entspannend, eine klärend & kraftvoll.*

**REZEPT 1**

# Abendlied. Die sanfte Räucherung

**Zutaten:**

1 TL Lavendelblüten
1 TL Rosenblüten
1 Prise Kamillenblüten
Räucherschale, Sand, Teelicht oder Kohletablette

**Zubereitung:**

Blüten in einer feuerfesten Schale auf Räuchersand geben. Entweder klassisch mit Räucherkohle oder mit einem Teelicht darunter langsam zum Glimmen bringen.

**Wirkung:**

Lavendel beruhigt die Nerven und „schickt den Kopf ins Bett".
Rosenblüten weichen harte Gedanken auf.
Kamille schenkt die Milde eines späten Sommerabends.

**Bester Moment:**

Abends, wenn du runterkommen willst, aber der Kopf noch rattert.

**Jahreszeit:**

Ganzjährig, die „Blütenmischung" passt in jede Nacht.

**Kleiner Tipp:**

Prüfe, ob du einen Rauchmelder hast, und starte dein Ritual nicht direkt darunter.

**REZEPT 2**

# *Klärfeuer. Die kraftvolle Räucherung*

**Zutaten:**

1 TL Beifuß (klassischer „Kräuterbesen“)
1 TL Rosmarin
1 TL Salbei

**Zubereitung:**

Kräuter mischen, in eine Schale auf eine glühende Räucherkohle legen. Den Rauch bewusst durch den Raum ziehen lassen. Aber auch hier: Fenster danach öffnen nicht vergessen!

**Wirkung:**

Beifuß „fegt“ alte Energie aus den Ecken.
Rosmarin bringt frische Klarheit.
Salbei wirkt stark klärend und stellt die Stimmung im Raum auf Reset.

**Bester Moment:**

Nach turbulenten Tagen, Streit, Besuch oder einfach, wenn „alte Luft“ rausmuss.

**Jahreszeit:**

Besonders gut im Herbst/Winter, wenn man viel drinnen ist.

### *Hinweis zum Ritual*

*Räuchern muss nicht bei Vollmond zelebriert werden und nach Hexenritual riechen, es darf nach Zuhause riechen.*
*Es ist kein Hokuspokus, sondern ein Sinnesritual: sehen, riechen, spüren, loslassen. Und wenn du nur 5 Minuten den Rauch beobachtest, passiert etwas Wunderbares: Nicht nur der Raum wird leichter. Auch du.*

**RITUAL 6**

# Neumondtee: Trinken für das, was noch nicht da ist

## Brief an deinen Alltag

Von Michelle, deiner inneren Kräuterflüsterin

*Hallo, du Mondkalender für die Seele.*

*Heute sei etwas Magie erlaubt, etwas Mythos und Phantasie.*

*Denn der Mond ist schwarz heute.*

*Kein Licht, kein Glanz – nur ein stiller, dunkler Himmel.*

*Manche sagen: Da ist nichts.*

*Ich sage: Da ist alles, was werden wird.*

*Denn es ist Neumond. Und dieser Neumond ist der Anfang unter den Anfängen.*

*Er ist der leise Moment, in dem aus Wünschen Gedanken und aus Gedanken Pläne werden dürfen. Und aus Plänen vielleicht irgendwann ein neues Leben.*

*Heute Abend brauchst du keine Listen, keine Vorsätze. Du brauchst nur eine Tasse.*

*Für einen Tee aus Rotklee und Melisse, weich und sanft.*

*Oder einen klaren Aufguss aus Salbei und Lavendel, der alten Ballast vom Acker schafft.*

*Du nimmst einen Schluck und während er warm durch dich hindurchfließt, flüstert etwas:*

*„Hier darf Neues wachsen."*

*Deine Michelle*

*Zwei Neumond-Tees*
*Einer träumerisch, einer klar ausrichtend.*

REZEPT 1

## Neumondtraum – der weiche Tee

**Zutaten:**

1 TL Rotkleeblüten
1 TL Zitronenmelisse
1 TL Lavendel
300 ml heißes Wasser

**Zubereitung:**

Kräuter in eine Tasse geben, mit heißem Wasser übergießen, 7–10 Minuten ziehen lassen. Mit geschlossenen Augen riechen, trinken, atmen.

**Wirkung:**

Rotklee bringt hormonelle Balance und inneres Gleichgewicht.
Melisse beruhigt, nimmt Nervosität raus.
Lavendel macht Gedanken leiser und Träume weicher.

**Bester Moment:**

Am Abend des Neumonds, wenn du bewusst zur Ruhe kommst.

**Jahreszeit:**

Ganzjährig, denn der Neumond kennt keine Saison.

REZEPT 2

# *Mondklar – der Tee für Aufräumer*

**Zutaten:**

1 TL Salbeiblätter
½ TL Rosmarin
½ TL Thymian
300 ml heißes Wasser

**Zubereitung:**

Mit heißem Wasser übergießen, 5–7 Minuten ziehen lassen.
Kräftiger Schluck, er darf wach schmecken – und machen.

**Wirkung:**

Salbei reinigt, innen wie außen.
Rosmarin bringt Energie und klare Gedanken.
Thymian stärkt das Immunsystem und die Stimme für Neues.

**Bester Moment:**

Wenn du spürst, dass du etwas Altes loslassen willst, um Raum für Neues zu schaffen.

**Jahreszeit:**

Besonders kraftvoll im Herbst und Winter, wenn Rückzug und Neubeginn sich die Hand reichen.

### *Hinweis zum Ritual*

*Es mag seinen Platz in unserem Alltag verloren haben: das Leben im Einklang mit Sonne, Erde und Mond. Aber in anderen Kulturen ist es noch wach und lebendig. Und so ist ein Neumondtee kein Kalendergag, er ist ein kleines Innehalten.*
*Du setzt dich hin, gießt auf, wartest und trinkst. Und plötzlich merkst du: Das, was du suchst, muss nicht laut kommen; es darf leise wachsen oder ist längst in dir. Lass es raus.*

RITUAL 7

# Der Sonntagslöffel: Wildkräuter-Honig für die Seele

## *Brief an deinen Alltag*

Von Michelle, deiner inneren Kräuterflüsterin

*Hallo, du,*

*es ist Sonntag.*

*Ein Tag ohne Uhr, wenn du ihn lässt.*

*Ein Tag, der sich weigert, die Woche zu kennen.*

*Ein Tag, an dem man sich von den Listen lösen und vom Leben füttern lassen darf.*

*Heute brauchst du kein großes Menü, keinen Brunch, keinen Plan.*

*Du brauchst nur einen Löffel. Einen Löffel voller Honig.*

*Dazu Kräuter, die Geschichten tragen: wie Thymian, Rosmarin, vielleicht ein bisschen Lavendel.*

*Du lässt ihn langsam auf der Zunge schmelzen und hörst, wie der Tag leiser wird.*

*Und du spürst: Manchmal reicht diese Süße im Kleinen, um alles wieder ins Gleichgewicht zu bringen.*

*Deine Michelle*

*Zwei Honig-Varianten*

*Vom Klassik-Löffel bis zur modernen Kräuter-Süße.*

**REZEPT 1**

## Kräuterklassiker. Der einfache Honiglöffel

**Zutaten**:

1 EL Bio-Honig
1 Prise getrocknete Thymianblätter
1 Prise Rosmarin (fein gemörsert)

**Zubereitung**:

Honig in ein kleines Glas geben, Kräuter einstreuen, verrühren. Über Nacht ziehen lassen.

**Anwendung**:

Einen Löffel pur einfach langsam im Mund zergehen lassen.

**Wirkung**:

Thymian stärkt Atemwege und Immunabwehr. Rosmarin gibt sanfte Energie. Honig beruhigt, süßt, heilt.

**Bester Moment**:

Sonntags nach dem Aufstehen, am Fenster, im Garten, auf dem Balkon, ohne Handy.

**Jahreszeit**:

Immer, denn Honig trägt dich durchs Jahr.

REZEPT 2

# Blütenpower-Honig. Die moderne Variante

**Zutaten:**

1 EL Bio-Honig
½ TL Blütenpollen
1 Prise Lavendelblüten
1 Prise Zitronenabrieb (Bio)

**Zubereitung:**

Blütenpollen, Lavendel und Zitrone in den Honig rühren, 1–2 Tage ziehen lassen.

**Anwendung:**

Ein Löffel pur oder in lauwarmem Wasser aufgelöst als kleiner Immun-Booster.

**Wirkung:**

Blütenpollen liefern Mineralstoffe und Eiweiß.
Lavendel entspannt.
Zitrone macht die Süße frisch und leicht.

**Bester Moment:**

Ein Löffel am Nachmittag als kleine „Süßheit“ ohne schlechtes Snack-Gewissen.

**Jahreszeit:**

Besonders im Frühjahr, wenn die Natur aufwacht.
Aber auch als Wintertonikum.

### Hinweis zum Ritual

*Ein Honiglöffel ist kein „Diätkiller“, keine „kleine Sünde“. Er ist eine Mini-Meditation. Kein Brot, kein Tee, kein Müsli, einfach nur du, ein Löffel und ein Moment, in dem du dir bewusst etwas gibst. Weil du es darfst und es verdienst.*

# *Zwischen Schluck und Schritt*

Vielleicht ist es dir gar nicht aufgefallen, aber während du da still und bedacht durch die Rituale geschlendert bist, hat sich mit jedem Schluck und jedem Schritt etwas verändert: morgens barfuß im Garten, mittags mit dampfendem Tee in den Händen und abends mit Lavendel auf deinem Kissen.

Nicht draußen in der Welt, aber drinnen in dir.

Du hast Kräuter gesammelt und dabei Verbindungen geknüpft. Zwischen dir und dem wilden Kraut, zwischen deinem Atem und dem Duft von Rosmarin, zwischen deinem hektischen Alltag und dem kleinen, stillen Wissen: Es geht auch anders. Es geht langsamer, sinnlicher und lebendiger.

Und genau dort, in dieser sinnlich-lebendigen Langsamkeit beginnt das, was wir jetzt anschauen wollen. Nicht als Ziel, sondern als Weg.

# LEBEN LERNEN. DIE NATUR ALS LEHRMEISTERIN

Der Tod hat Angst vor Löwenzahn – und vor all den großen und kleinen, grünen und bunten, bitteren und milden, schroffen oder zarten wilden Nachbarn, die links und rechts von ihm wachsen. Nicht, weil sie ihn besiegen, sondern weil sie das Leben erhalten, bewahren und verlängern. Und zwar messbar in Zahlen und fühlbar in Qualität.

Was wir von der Natur, den alten Kulturen, dem Wissen unserer Ahnen und der modernen Wissenschaft lernen können? Zunächst mal eines, nämlich dass die Frage und die Sehnsucht nach einem langen Leben nichts Neues sind. Schon unsere Urgroßmütter wussten jedoch, dass es nicht nur um ein „wie lange", sondern auch um ein „wie gut und wie bewusst" geht. Genau aus diesem Grund habe ich auf all den Seiten dieses Buches so oft und so eindringlich von Langsamkeit, Achtsamkeit und Ruhe, von Hinschauen und Zuhören und von Bewusstheit gesprochen, denn das ist eine weitere Lehre des Lebens:

Die Natur hat kein Interesse an Eile und Hast. Sie hat Zeit.
Ein Baum wächst nicht schneller oder höher, wenn du ihn anschreist.
Ein Kraut entfaltet seine Wirkung nicht intensiver oder besser, wenn du es hetzt.
Und wenn in diesem Jahr etwas gar nicht wächst oder blüht oder Früchte und Samen ausbildet, dann vielleicht im nächsten Jahr. Oder in fünf. Oder zwanzig.

Heilpflanzen lehren uns: Gutes Leben heißt, rhythmisch zu leben. Mit Phasen der Fülle und Phasen des Rückzugs. Mit dem Stand der Sonne und der Vegetation, da, wo du lebst. Mit den Wirk- und Nährstoffen immer dann, wenn sie wachsen. Denn genau dann ist der Moment im Jahr, an dem du sie brauchst.

Und genau das spiegelt sich auch in alten Kulturen. Die Klosterheilkunde, die traditionellen Heilweisen aus Asien, die Rituale und Pflanzen der alten Völker rund um den Globus – sie alle erzählen stets vom Zyklus, niemals vom Sprint. Wohl deshalb hätte Mutter Natur sicher keinen LinkedIn-Account auf der Suche nach Leadership-Seminaren und Personal Branding. Sie würde lieber am Waldrand sitzen, verträumt etwas Thymian kauen und darauf vertrauen, dass alle, die sie brauchen, sie auch garantiert finden werden. Ganz ohne Pitchdeck, Tamtam und Kalendereintrag, dafür mit ganz viel Ruhe, Erfahrung und jahrtausendealtem Wissen rund um die eigene Wurzelkraft.

Und heute? Die moderne Wissenschaft zieht nach. Sie entdeckt, was alte Kräuterfrauen schon wussten, bevor es Labore gab. Auch wenn sie genau das über Jahrhunderte das Leben kosten konnte, denn die Angst vor der Hexe war groß. Aber ihr Wissen blieb überliefert: Bitterstoffe stärken die Leber, Fasten aktiviert die Zellerneuerung und Polyphenole in Wildkräutern schützen die Zellen.

Wer ewig leben will, verpasst womöglich das Jetzt. Wer aber im Jetzt lebt, der lebt vielleicht länger, als er denkt.

Kräuter begleiten uns dabei und helfen nicht nur beim Entgiften, sondern auch beim „Entwünschen". Weniger höher, schneller, weiter. Mehr spüren, schmecken und staunen – mehr Leben. Und das, ganz nebenbei, verlängert es.

Longevity ist plötzlich trendy, aber die Natur war schon immer da, voller Wissen und sehr geduldig. Vielleicht hockt sie manchmal auch leise schmunzelnd in den Zweigen am Waldrand und amüsiert sich über uns, wie wir uns all das viele wertvolle Wissen Stück für Stück zurückerobern, ausprobieren, pflücken, kosten, Bücher wie dieses hier lesen und wieder lieben lernen.

Vorsichtig weist sie uns den Weg zu Gundermann, Bärlauch und Co.
Und damit zu uns selbst.
Und wenn du dir dort selbst begegnest, wirst du dein Wertvollstes entdecken.

Willkommen in deinem Leben.

Deine Michelle

# Bildquellenverzeichnis

Seite 6: Foto von Autorin: © Anika Dollmeyer
Seite 8: © Valeriy G / Istockphoto.com
Seite 9: © Madeleine Steinbach / Istockphoto.com • Foto von Autorin: © Anika Dollmeyer
Seite 10: Foto von Autorin: © Anne Schwerin • © Madeleine Steinbach / Istockphoto.com • © Liudmila Chernetska / Istockphoto.com • Foto von Autorin: © Anika Dollmeyer • © temmuzcan / Istockphoto.com
Seite 11: © Liudmila Chernetska / Istockphoto.com
Seite 12: Fotos von Autorin: © Anika Dollmeyer
Seite 13: Fotos von Autorin: © Anika Dollmeyer
Seite 14: © ChamilleWhite / Istockphoto.com • © merc67 / Istockphoto.com • © Taras Grebinets / Istockphoto.com
Seite 15: © fcafotodigital / Istockphoto.com • © Olesia Bekh / Istockphoto.com
Seite 16: © AlexRaths / Istockphoto.com • © Anastasiia Stiahailo / Istockphoto.com • © ChamilleWhite / Istockphoto.com • Foto von Autorin: © Anika Dollmeyer
Seite 17: © Liudmila Chernetska / Istockphoto.com • © Liudmila Chernetska / Istockphoto.com • © alvarez / Istockphoto.com
Seite 19: Foto von Autorin: © Anne Schwerin
Seite 21: © igorr1 / Istockphoto.com • © nastya ph / Istockphoto.com
Seite 22 VYCHEGZHANINA / Istockphoto.com • © Bohdan Bevz / Istockphoto.com • © Marsell Gorska Gautier / Istockphoto.com
Seite 23: © 4kodiak / Istockphoto.com • © carlosgaw / Istockphoto.com • Jasmina007 / Istockphoto.com
Seite 24: © magicflute002 / Istockphoto.com • © Sonja Rachbauer / Istockphoto.com
Seite 25: © Kaiskynet Studio / Shutterstock.com
Seite 26: © Madeleine Steinbach / Istockphoto.com • © Iurii Stepanov / Shutterstock.com • © Angela Kotsell / Istockphoto.com
Seite 27: © ChamilleWhite / Istockphoto.com • © terra24 / Istockphoto.com
Seite 28: © DaVidSphere / Istockphoto.com • © Mukhina1 / Istockphoto.com • © SimonSkafar / Istockphoto.com • c m-gucci / Istockphoto.com
Seite 29: © Md Amir Hossain / Istockphoto.com
Seite 30: © Dreke / Shutterstock.com • © ShakedN / Istockphoto.com • © Kvach Hanna / Istockphoto.com
Seite 31: © SilviaJansen / Istockphoto.com • © teddiviscious / Istockphoto.com • © wayra / Istockphoto.com
Seite 32: © wayra / Istockphoto.com • © DUSAN ZIDAR / Shutterstock.com
Seite 33: © Hana Richterova / Istockphoto.com
Seite 34: © Sevda Ercan / Istockphoto.com • Foto von Autorin: © Anne Schwerin • © Filmstax / Istockphoto.com
Seite 35: © Elena Grishina / Istockphoto.com • © Gugu Mannschatz / Istockphoto.com • © Dhoxax / Istockphoto.com
Seite 36: © spline x / Shutterstock.com • © alffalff / Istockphoto.com
Seite 37: © ChamilleWhite / Istockphoto.com • © IngridHS / Istockphoto.com • © 10 los angela / Istockphoto.com
Seite 38: © Bohdan Bevz / Istockphoto.com • © Pictures-and-Pixels / Istockphoto.com • © Wirestock / Istockphoto.com
Seite 39: © FotografiaBasica / Istockphoto.com
Seite 40: Foto von Autorin: © Anika Dollmeyer
Seite 41: © ZeynepKaya / Istockphoto.com • © Anna Puzatykh / Istockphoto.com

Seite 42: © egal isoliert
Seite 43: © Olesia Bekh / Istockphoto.com
Seite 44: © chokja / Istockphoto.com • © maxsol7 / Istockphoto.com
Seite 45: © los angela / Istockphoto.com
Seite 46: © PamelaJoeMcFarlane / Istockphoto.com • © Albina Yalunina / Istockphoto.com • Foto von Autorin (Treppe): Anika Dollmeyer • Foto von Autorin (Wiese): Anne Schwerin
Seite 47: © Lyudmila Lucienne / Istockphoto.com • © emer1940 / Istockphoto.com
Seite 48: © Eric Isselee / Shutterstock.com • © Snowbelle / Shutterstock.com • © Hortimages / Shutterstock.com • © Emilio100 / Shutterstock.com
Seite 49: © Emilio100 / Shutterstock.com • © rozbeh / Shutterstock.com • © Tim UR / Shutterstock.com • c recep kart / Shutterstock.com • © New Africa / Shutterstock.com • © Vladimir Gjorgiev / Shutterstock.com • © Remini Marum / Shutterstock.com
Seite 50: © Miiisha / Shutterstock.com
Seite 51: © love2explore / Istockphoto.com • © Hong Vo / Shutterstock.com
Seite 52: © Peter Burnett / Istockphoto.com • © Happycity21 / Istockphoto.com • © PIKSEL / Istockphoto.com
Seite 53: © coramueller / Istockphoto.com • © Ja'Crispy / Istockphoto.com
Seite 54: © Helin Loik-Tomson / Istockphoto.com • © Mantonature / Istockphoto.com • Foto von Autorin: © Anika Dollmeyer
Seite 55: © Natalia Kuznetsova / Istockphoto.com • © maxsol7 / Istockphoto.com
Seite 56: © Scisetti Alfio / Shutterstock.com • © 13-Smile / Istockphoto.com • © Maciej Olszewski / Shutterstock.com • Stefan Tomic / Istockphoto.com • © Creative Family / Shutterstock.com
Seite 57: © Buntovskikh Olga / Shutterstock.com
Seite 58: © Scisetti Alfio / Shutterstock.com • © Oleksandr Lytvynenko / Shutterstock.com
Seite 59: © alekleks / Istockphoto.com • © Xesai / Istockphoto.com • © Sonja Rachbauer / Istockphoto.com • © Xesai / Istockphoto.com
Seite 60: © milart / Shutterstock.com • © Garsya / Shutterstock.com
Seite 61: © LianeM / Istockphoto.com • © Oleg Marchak / Istockphoto.com • IngridHS / Istockphoto.com • © Armastas / Istockphoto.com
Seite 62: © de2marco / Shutterstock.com • © lynnebeclu / Istockphoto.com
Seite 63: Foto von Autorin (Salbei): © Anika Dollmeyer • Foto von Autorin (Wald): © Anne Schwerin
Seite 64: © mescioglu / Istockphoto.com • © SorenP / Istockphoto.com • © Madeleine Steinbach / Istockphoto.com
Seite 65: © triocean / Istockphoto.com • © Anna-Ok / Istockphoto.com • © Helin Loik-Tomson / Istockphoto.com
Seite 66: © Viktor AL / Istockphoto.com • © bombuscreative / Istockphoto.com • © Gummy Bear / Shutterstock.com
Seite 67: © Andrew Linscott / Istockphoto.com • © SplashofPhotography / Istockphoto.com
Seite 68: © Aleksandra Duda / Shutterstock.com • © Albina Yalunina / Istockphoto.com • © 13-Smile / Istockphoto.com
Seite 69: © dulezidar / Istockphoto.com • © HeikeRau / Istockphoto.com • © Helin Loik-Tomson / Istockphoto.com
Seite 70: © Haluk Cigsar / Shutterstock.com • © seven75 / Istockphoto.com • © Madeleine Steinbach / Istockphoto.com • © Stefan Tomic / Istockphoto.com • © Madeleine Steinbach / Istockphoto.com
Seite 71: © Scisetti Alfio / Shutterstock.com • © Helin Loik-Tomson / Istockphoto.com • © Madeleine Steinbach / Istockphoto.com • © Nikolay Donetsk / Istockphoto.com
Seite 72: Foto von Autorin: © Anne Schwerin
Seite 73: © Tunatura / Istockphoto.com • © photoguns / Istockphoto.com • © photohampster / Istockphoto.com
Seite 74: © spline x / Shutterstock.com • © Krystof Sasek / Istockphoto.com
Seite 75: © difenbahia / Shutterstock.com • © kiran nagare / Istockphoto.com • © Jasmina007 / Istockphoto.com
Seite 76: Foto von Autorin: © Anne Schwerin
Seite 77: © Nella / Shutterstock.com • © elenaleonova / Istockphoto.com

Seite 78: © gojak / Istockphoto.com • © HHelene / Shutterstock.com • © Lizard / Shutterstock.com
Seite 79: © Peter Hermes Furian / Shutterstock.com • © CCaetano / Istockphoto.com • © lubilub / Istockphoto.com • Bilanol / Istockphoto.com
Seite 80: © Nikolay Donetsk / Istockphoto.com
Seite 81: © Jonathan Austin Daniels / Istockphoto.com • © Jasmina007 / Istockphoto.com • © PicturePartners / Istockphoto.com
Seite 82: © Petr Salinger / Shutterstock.com • © LesDaMore / Istockphoto.com • © asharkyu / Shutterstock.com
Seite 83: © gpacheco / Istockphoto.com • © janiecbros / Istockphoto.com • © Sonja Rachbauer / Istockphoto.com
Seite 84: © Scisetti Alfio / Shutterstock.com • © coramueller / Istockphoto.com • © Olivka888 / Istockphoto.com
Seite 85: © Andyworks / Istockphoto.com • © svehlik / Istockphoto.com • © Martina Unbehauen / Istockphoto.com • © Madeleine Steinbach / Istockphoto.com
Seite 86: © Orest Lyzhechka / Istockphoto.com • © Madeleine Steinbach / Istockphoto.com • Fot von Autorin: © Anne Schwerin
Seite 87: © bymuratdeniz / Istockphoto.com • © Helin Loik-Tomson / Istockphoto.com • © t sableaux / Istockphoto.com
Seite 88: Foto von Autorin: © Anika Dollmeyer
Seite 89: © Anchy / Istockphoto.com • © coramueller / Istockphoto.com • © Madeleine Steinbach / Istockphoto.com
Seite 90: © Whiteway / Istockphoto.com • © djenev / Istockphoto.com • © photocrew1 / Shutterstock.com
Seite 91: © Nikolay Donetsk / Istockphoto.com • © Olga Gagarova / Istockphoto.com • © Valeriy Lushchikov / Istockphoto.com • Foto von Autorin: © Anika Dollmeyer
Seite 92: © Liudmila Chernetska / Istockphoto.com
Seite 93: © Jasmina007 / Istockphoto.com • © NATALIA KHIMICH / Istockphoto.com • © Zbynek Pospisil / Istockphoto.com
Seite 94: © Inahwen / Istockphoto.com • © MelanieMaya / Istockphoto.com • © IRINA KROLEVETC / Istockphoto.com
Seite 95: © GMVozd / Istockphoto.com • © Yuliya Taba / Istockphoto.com
Seite 96: © Primakov / Shutterstock.com • © xpixel / Shutterstock.com • © sanjeri / Istockphoto.com
Seite 97: © voyata / Istockphoto.com • © Shaiith / Istockphoto.com • © Caterina Trimarchi / Shutterstock.com
Seite 98: © valzan / Shutterstock.com • © fotomem / Istockphoto.com • © Elena Grishina / Istockphoto.com
Seite 99: © Rovenskaya Tatiana / Istockphoto.com • © Rimma Bondarenko / Istockphoto.com
Seite 100: © xpixel / Shutterstock.com • © MKucova / Istockphoto.com • © fermate / Istockphoto.com
Seite 101: © Madeleine Steinbach / Istockphoto.com
Seite 102: © istanbulimage / Istockphoto.com • © wirot pathi / Istockphoto.com
Seite 103: © Madeleine Steinbach / Istockphoto.com • Madeleine Steinbach / Istockphoto.com • © Design-Toons / Istockphoto.com
Seite 104: Foto von Autorin: © Anika Dollmeyer • © Maren Winter / Shutterstock.com
Seite 105: © Anastasiia Malinich / Shutterstock.com
Seite 106: © Andrii Dariienko / Istockphoto.com • © maxsol7 / Istockphoto.com
Seite 107: © Magone / Istockphoto.com • © Sandris Veveris / Istockphoto.com • © laflor / Istockphoto.com
Seite 108: © Pixel-Shot / Shutterstock.com • © Stefan Rotter / Istockphoto.com
Seite 109: © MarcoFood / Shutterstock.com • © diephosi / Istockphoto.com • © Foxys forest manufacture / Istockphoto.com
Seite 110: © Robert Plociennik / Shutterstock.com • © NDanko / Shutterstock.com
Seite 111: © Yuphayao Pooh's / Shutterstock.com • © Madeleine Steinbach / Shutterstock.com • © Shan 16899 / Shutterstock.com
Seite 112: © Sonja Rachbauer / Istockphoto.com • © GSPictures / Istockphoto.com
Seite 113: © GSPictures / Istockphoto.com • © carlosgaw / Istockphoto.com • © Madeleine Steinbach / Istockphoto.com
Seite 114: Foto von Autorin: © Anika Dollmeyer • © Magone / Istockphoto.com
Seite 115: © coramueller / Istockphoto.com • © invizbk / Istockphoto.com

Seite 116: © HandmadePictures / Istockphoto.com • © coramueller / Istockphoto.com • © hmproudlove / Istockphoto.com
Seite 117: Foto von Autorin: © Anika Dollmeyer
Seite 118: Foto von Autorin (Korb): © Anika Dollmeyer • © stockcam / Istockphoto.com • © Mantonature / Istockphoto.com • © Alphotographic / Istockphoto.com • Foto von Autorin (Königskerze): © Anika Dollmeyer
Seite 119: © Henrik L / Istockphoto.com
Seite 120: Ackerschachtelhalm © Manfred Ruckszio / Shutterstock.com c• Ackerschachtelhalm © Madeleine Steinbach / Shutterstock.com
Seite 121: Baldrian © Scisetti Alfio / Shutterstock.com • Baldrian © yul38885 / Shutterstock.com
Seite 122: Beifus © anmbph / Shutterstock.com • Beifus © Nadezhda Nesterova / Shutterstock.com
Seite 123: Brennessel © olko1975 / Shutterstock.com • Brennnessel © Scisetti Alfio / Shutterstock.com
Seite 124: Frauenmantel © emberiza / Shutterstock.com • Frauenmantel © Tereza Koudelkova / Shutterstock.com
Seite 125: Giersch © Orest lyzhechka / Shutterstock.com • Giersch © spline / Shutterstock.com
Seite 126: Gundermann © goran safarek / Shutterstock.com • Gundermann © Snowbelle / Shutterstock.com
Seite 127: Holunder © Nataly Studio / Shutterstock.com • Holunder © Nataly Studio / Shutterstock.com
Seite 128: Foto von Autorin: © Anika Dollmeyer
Seite 129: © Nataly Studio / Shutterstock.com • © Manfred Ruckszio / Shutterstock.com
Seite 130: © kazakovmaksimi / Istockphoto.com • © Königskerze victoryfire / Shutterstock.com
Seite 131: © Quang Ho / Shutterstock.com • © Licvin / Shutterstock.com • Löwenzahn © teatian / Shutterstock.com
Seite 132: Mandelsüs © Manfred Ruckszio / Shutterstock.com • Mandelsüs © Flower Garden / Shutterstock.com
Seite 133: Pfefferminze © BasakAnita / Shutterstock.com • Pfefferminze © Dargog / Shutterstock.com
Seite 134: Rosmarin © Vesna Kriznar / Shutterstock.com • Rosmarin © mr kancil / Shutterstock.com
Seite 135: Rotklee © M. Schuppich / Shutterstock.com • Rotklee © M. Schuppich / Shutterstock.com
Seite 136: Salbei © xpixel / Shutterstock.com • © huseyinbas / Shutterstock.com
Seite 137: Schafgarbe © Picture Partners / Shutterstock.com • Schafgarbe © Kylbabka / Shutterstock.com
Seite 138: Danut Vieru / Shutterstock.com • Scharbockskraut © Lipatova Maryna / Shutterstock.com
Seite 139: Spitzwegerich © Manfred Ruckszio / Shutterstock.com • Spitzwegerich © Wirestock Creators / Shutterstock.com • Foto von Autorin: © Anika Dollmeyer
Seite 140: Süßholz © limpido / Shutterstock.com • © weisschr / Istockphoto.com
Seite 141: Thymian © Orest lyzhechka / Shutterstock.com • Thymian © GSDesign / Shutterstock.com
Seite 142: Vogelmiere © Manfred Ruckszio / Shutterstock.com • Vogelmiere © Lartos 82 / Shutterstock.com
Seite 143: Foto von Autorin: © Anne Schwerin
Seite 144: Vogelmiere © Lartos 82 / Shutterstock.com
Seite 145: Weisdorn © Nichola Chapman / Shutterstock.com • Weisdorn © Nella / Shutterstock.com
Seite 146: Wermut © Scietti Alfio / Shutterstock.com • Wermut © nnattalli / Shutterstock.com
Seite 147: Foto von Autorin: © Anne Schwerin
Seite 148: Foto von Autorin (räuchernd): © Anne Schwerin • Foto von Autorin (Gesicht in Sonne): © Anne Schwerin • Foto von Autorin (mörsernd): © Anika Dollmeyer
Seite 150: ArtCookStudio / Shutterstock.com
Seite 151: Zitronenverbene: © eurobanks / Istock.com • Gierschtee: PicturePartners / Istockphoto.com
Seite 152: intek1 / Istockphoto.com • © Mr.Somchai Sukkasem / Shutterstock.com
Seite 153: Foto von Autorin: © Anne Schwerin
Seite 154: Svittlana / Istockphoto.com
Seite 155: gowithstock / Shutterstock.com • © Magone / Istockphoto.com
Seite 156: Alsu Faskhieva / Istockphoto.com • © manuel adorf / Istockphoto.com
Seite 157: Photoongraphy / Shutterstock.com • © Scisetti Alfio / Shutterstock.com • © Tamer ALKIS / Istockphoto.com
Seite 158: Garsya / Shutterstock.com • © SvetlanaParnikova / Shutterstock.com
Seite 159: kazmulka / Istockphoto.com • © New Africa / Shutterstock.com
Seite 160: New Africa / Shutterstock.com • © Foxxy63 / Shutterstock.com

Seite 161: Foto von Autorin: © Anne Schwerin
Seite 162: Foto von Autorin: © Anika Dollmeyer • spline x / Shutterstock.com
Seite 163: jittima kumruen / Istockphoto.com • © VeraPetruk / Istockphoto.com
Seite 164: NDanko / Shutterstock.com • © worawit j / Shutterstock.com
Seite 165: Foto von Autorin: © Anne Schwerin
Seite 166: Sentelia / Shutterstock.com
Seite 167: Katniss studio / Shutterstock.com • © liga sveta / Shutterstock.com
Seite 168: Nadezhda Nesterova / Shutterstock.com • © Boyloso / Istockphoto.com
Seite 169: Foto von Autorin: ©Anne Schwerin
Seite 170: diephosi / Istockphoto.com • © mommyjarie / Shutterstock.com
Seite 171: M. Schuppich / Shutterstock.com • © Helin Loik-Tomson / Istockphoto.com • © Stefan Tomic / Istockphoto.com
Seite 172: Subbotina Anna / Shutterstock.com • © AegeanBlue / Istockphoto.com • © Jasmina007 / Istockphoto.com
Seite 173: Foto von Autorin: © Anika Dollmeyer
Seite 174: Anastasiia Pokliatska / Istockphoto.com • © Stefan Tomic / Istockphoto.com • © baibaz / Shutterstock.com
Seite 175: areeya ann / Istockphoto.com • Foto von Autorin: © Anika Dollmeyer
Seite 176: baibaz / Shutterstock.com • © samael334 / Istockphoto.com
Seite 177: fermate / Istockphoto.com • © OZANKUTSAL / Istockphoto.com
Seite 179: Foto von Autorin: © Anika Dollmeyer

# Über die Autorin

Michelle Ziegelmann lebt mit ihrer Familie auf einem alten Dreiseitenhof im Süden von Leipzig. Dort widmet sie sich mit viel Herz den Wildkräutern, der Pflanzenheilkunde und einem gesunden, naturverbundenen Leben. 2022 beschloss sie, ihre Leidenschaft zum Beruf zu machen, und studierte Phytotherapie neben ihrem Beruf als freie Autorin. Unter dem Namen „Neuseenkraut" begeistert sie seit 2024 Menschen auf Instagram als Kräuterhexpertin für ihre Leidenschaft. Über 340.000 Follower begleiten Michelle hier mittlerweile täglich durch ihre Welt der Heilpflanzen. Tendenz steigend! Michelle steht für Naturverbindung, Selbstermächtigung und die unbändige Freude am Leben und Lernen.

Sie lädt dazu ein, mit offenen Augen hinauszugehen, zu probieren und zu staunen – denn viele Antworten auf unsere Gesundheitsfragen wachsen direkt vor unserer Haustür. Wir müssen nur genauer hinsehen.

https://www.instagram.com/neuseenkraut/

Liebe Leserin, lieber Leser,

hat Ihnen dieses Buch gefallen?
Ihr Feedback, Ihre Anregungen und Ihre Kritik bedeuten uns viel, denn sie helfen uns, unsere Bücher kontinuierlich zu verbessern.

Die Meinung und Zufriedenheit unserer geschätzten Leserinnen und Leser stehen im Mittelpunkt unseres Schaffens. Ihre Gedanken sind uns wichtig.

Zögern Sie daher nicht, uns zu kontaktieren und Ihre Gedanken mit uns zu teilen. Senden Sie uns einfach eine E-Mail an:
feedback@eulogiaverlag.de

Besuchen Sie auch gern unsere Verlagsseite und entdecken Sie weitere spannende Bücher unter:
www.eulogiaverlag.de

Wir sind gespannt auf Ihre Nachricht und freuen uns darauf, von Ihnen zu hören!

Herzlichst
Ihr **Eulogia Verlag**